世界一やさしいブログの教科書1年生

染谷昌利

ご利用前に必ずお読みください

本書に掲載されている説明を運用して得られた結果について、筆者および株式会社ソーテック社は一切責任を負いません。個人の責任の範囲内にて実行してください。

本書の内容によって生じた損害および本書の内容に基づく運用の結果生じた損害について、筆者および株式会社ソーテック社は一切責任を負いませんので、あらかじめご了承ください。

本書の制作にあたり、正確な記述に努めておりますが、内容に誤りや不正確な記述がある場合も、筆者および株式会社ソーテック社は一切責任を負いません。

本書の内容は執筆時点においての情報であり、予告なく内容が変更されることがあります。また、環境によっては本書どおりに動作および実施できない場合がありますので、ご了承ください。

※ 本文中で紹介している会社名、製品名は各メーカーが権利を有する商標登録または商標です。なお、本書では、©、®、TMマークは割愛しています。

Cover Design & Illustration…Yutaka Uetake

はじめに

自分の得意分野の情報を発信し続ける。たったこれだけのことで自分の人生が変わるって、すごいと思いませんか。本書では、ブログという発信手段を使った集客および収益化についてお話ししていきます。それだけにとどまらず、ブログをきっかけにした仕事の生み出し方や、出版に至る道など、ブログの可能性についてまとめあげています。「教科書」の名に恥じないような内容を心がけて執筆しました。

❶ いつまでも稼げる方法を身につける

今まで培った私の経験や、有名ブロガーのブログ論をベースに、一時期しか使えない表面的なテクニックではなく、基礎体力を養える内容を中心に構成しました。読者に喜ばれる記事の書き方、ネタの見つけ方、ブログを継続する心構え、発信を仕事につなげる方法など、**地味ではあっても長期間使える、根本の部分を理解してもらえるはずです。**基礎を固めて、状況にあわせて応用することで、社会環境が変わってもすぐに対処できるようになります。

ブログは参入のハードルが低いツールなので、誰でもチャレンジすることが可能です。しかしハードルが低い分、文章を書き続け、多くのファンを得られる人はほんのひと握りです。誰もが簡単にはじめられるのでライバルも多く、ありきたりな記事では埋もれてしまいます。また、ブログはやめることも簡単です。すぐには結果が出ないということに気づくと、文章を書く意欲がなくなってしまうのです。

最初のうちは、目に見えるような成果は出づらいでしょう。しかしながら半年、1年と続けるうちに、少しずつ世界が変わっていきます。アルバイトや正社員で給与を上げることは大変ですが、**自分の努力と工夫次第でいくらでもチャンスを生み出すことを可能にしてくれるのがブログ**というツールなのです。

❷ 稼ぐ力が人生の選択肢を広げてくれる

自分の力でお金を稼ぐ力を身につけることは、これからの時代に非常に重要な能力だと考えています。別に会社員を辞めろといっているわけではありません。会社に勤めながら自分自身の力でお金を稼ぐ力を持つ、あるいは稼ぐための準備をしておいてこそ、時代の変化に対応できます。

副収入があれば、会社の業績が下がって給料が減額されたとしても愛着のある会社に残るという選択もできます。転職する際に給与を気にすることなく、本当にやりたい仕事を選択することも可能です。発信力を生かして起業する道を選んでもいいでしょう。**自分の力で「集客できる」「ファンを生み出せる」「収益化できる」という能力を持つことで、あなたの人生の選択肢が広がる**わけです。

本は、読むだけでは意味がありません。実際に行動に移せるよう、具体例を織り交ぜて執筆しました。本書がみなさんの変化の手助けになれば幸いです。

染谷昌利

目次

2時限目 先輩ブロガーの成功パターンを学ぼう

3時限目 人気記事の書き方を学ぼう

5時限目 最強のブロガーになる方法

ホームルーム
ブログってこんなに楽しい！

ブログにはたくさんの可能性があります。一緒にはじめましょう！

01 「ブログで飯が食えるようになる」そんな狭い世界の話じゃない！

1 ブログって何だ？

みなさん、ブログを楽しんでいますか？

ブログとは、「**Webを Logする**」という意味で**Weblog**（ウェブログ）と名づけられ、その**Weblog**が省略されて**Blog**（ブログ）と呼ばれるようになった、ウェブサイト／ホームページの一種です。ブログは海外で開始されたサービスでしたが、２００２年以降、急速に日本国内にも普及しました。

２０１５年現在、国内最大級のブログサービスである「**アメーバブログ**」だけでも、利用者数が４０００万人を超えています。日本国内にはほかにも、「**ライブドアブログ**」や「**はてなブログ**」などの無料ブログサービスが存在し、利用しているユーザーも数多くいます。自分で独自ドメイン（ＵＲＬ）を取得し、レンタルサーバーを借りて、**WordPress**や**Movable Type**などのＣＭＳ（コンテンツマネジメントシステム）をインストールし、ブログを運営している人もいます。今では誰もが簡単にブログを開設し、インターネット上に発信できる環境になっています。

2 楽しみながら続けていくことが大切

ブログを出発点にして出版に至る人や、自分のお店の集客に利用する人、ブログの広告収入だけで生活したりする人など、さまざまな用途でブログは活用されています。

とはいえ、ブログを書いている人全員が、人気ブログの運営者というわけではありません。世間では「**ブログ飯**」だとか、「**プロブロガー**」だとか、ブログの収益だけで生活することがすばらしい、うらやましいと思われる風潮も一部あります。でもブログの可能性はそんな狭い世界だけの話ではありません。

「**あなたの体験や考えを発信することで、その情報に共感してくれる読者との交流が生まれる可能性**」があります。各種イベント

独自ドメインって何？

ドメインとはインターネット上の住所のようなもので、世界にひとつしか存在しない文字列。「〇〇.com」や「〇〇.jp」のような、自分が指定した文字列のことを独自ドメインと呼ぶ。

に参加して、気のあう飲み仲間ができることもあります。趣味が一緒のブログ運営者と出会って、親友になっていることも少なくありません。

世界中、境界がないのが素晴らしい

インターネットの素晴らしいところは、境界がないという点です。沖縄在住の人が発信した情報でも、瞬時に日本国内にとどまらず世界中に共有されます。英語で書かれた文章であれば、英語圏に住む人たちにもあなたの伝えたいことが届きます。海外からの旅行者が、あなたのブログを読んで日本の観光地を巡ってくれたら素敵だと思いませんか。

続けられるように楽しみながらがんばる

ブログをはじめるのは簡単です。でも、続けるのはちょっと大変です。アクセスや収益を生み出すにはちょっとしたコツが必要です。上手に楽しくブログを運営していくための情報を、ブログ運営者の成功事例とともに一つひとつお話ししていくので、一緒に学んでいきましょう。

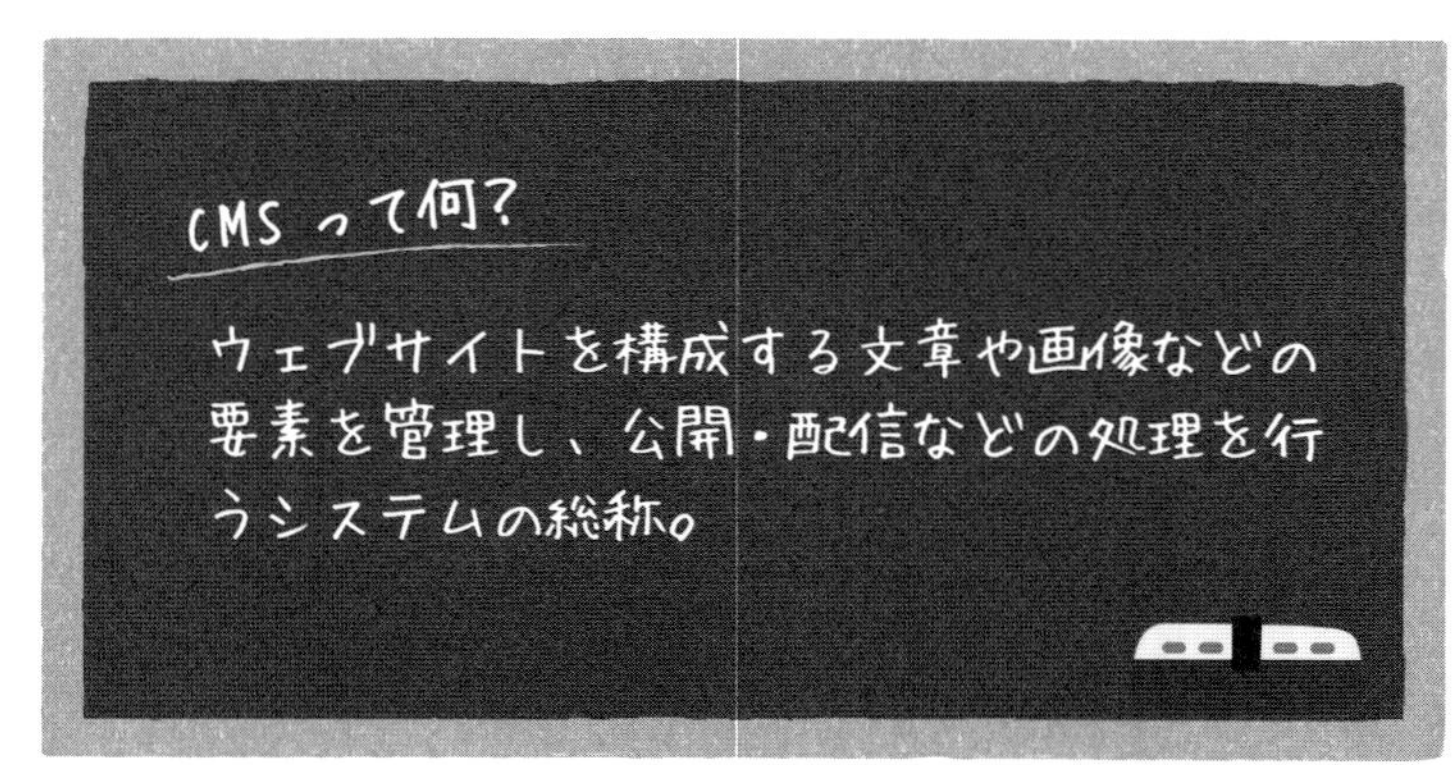

1時限目
ブログの運営と基礎を学ぼう

01 ブログサービスって何が最適なの？

1 無料ブログサービスと有料レンタルサーバーの特徴

世の中には数多くのブログサービスが存在しています。それぞれのブログサービスには特徴があり、初心者はどのサービスを利用すればいいのか迷ってしまいます。ここでは代表的な４つのブログサービスを紹介し、特徴やメリット・デメリットをお話しします。あなたのやりたいことや方向性にマッチしたサービスを選ぶことで、効率的に運用することが可能になるので、ブログ開設前にしっかり検証しておきましょう。

なお、サービスの内容は随時改訂されていくので、最新の情報を確認するようにしてください。

❶ 日本最大級の規模「アメーバブログ」

アメーバブログ（以降、アメブロ）は、株式会社サイバーエージェントが運営している日本最大級のブログサービスです。２０１５年9月15日時点で、利用者数が４０００万人を突破したことが発表されています。

使いやすさは各種ブログサービスの中でもトップクラスで、初心者やパソコンが苦手な人でも楽しみながら更新できるシステムになっています。基本的にアメーバのサービスは、検索エンジンやＳＮＳから集客するというよりは、ほかのアメブロユーザーと交流を図りながら、アメーバ内のコミュニティ（アメーバピグやアメーバグルっぽなど）で読者を集めることに向いています。「**パソコン初心者が自分の趣味のブログを運営したいのであれば、文章を書くことだけに注力できるアメブロがお勧め**」です。

ただアメブロは規約で、サイバーエージェント社の承諾のない商業行為（例：「商業用の広告、宣伝を目的としたブログの作成」や「営利、非営利目的を問わず、物やサービスの売買、交換を目的とする情報の送信」）を禁止しているので、「**ブログの運営を収益に直結させたい人には向かないサービス**」になります。

● アメーバブログ（http://ameblo.jp/）

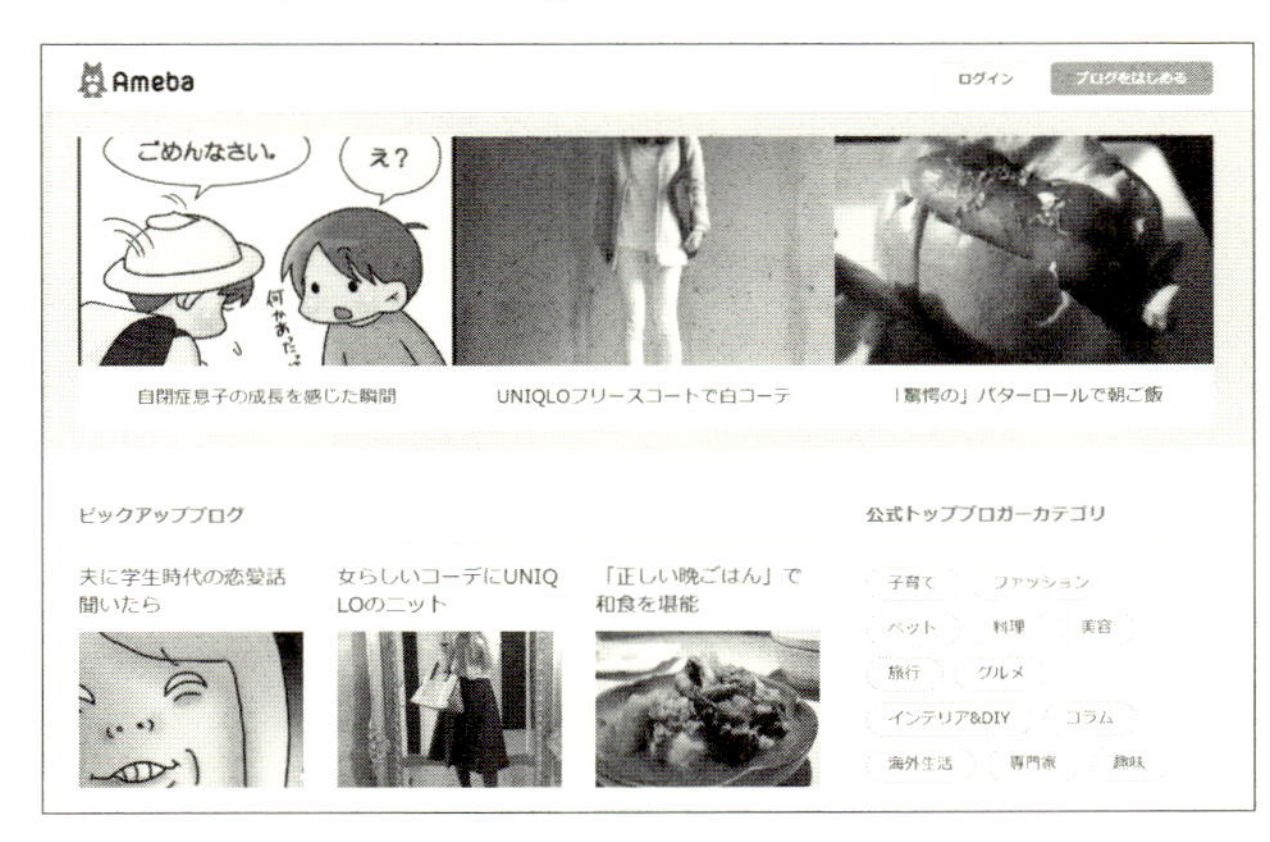

また、アメブロは独自ドメイン（URL）が使用できないので、ブログを引っ越したいときなどは一からやり直しになります。

❷ LINEが運営する「ライブドアブログ」

ライブドアブログは、**LINE**株式会社が運営するブログサービスです。「**アフィリエイトやGoogle AdSenseを利用した収益化、個人事業などのPR、セミナーの紹介、そしてあなたの情報発信など、一般的な利用目的はほぼ網羅している**」ブログサービスです。

LINEが運営しているので、急なアクセスアップにも対応できる強靭なサーバーで運用されているうえに、独自ドメインの利用も可能です。また、あなたの記事がライブドアブログポータルに掲載されるチャンスもあるので、そこからのアクセスも見込めます。

「**無料でありながらもさまざまな機能を利用できる点で、個人的には無料ブログサービスの中では1番お勧め**」です。

● ライブドアブログ（http://blog.livedoor.com/）

③ はてなブログ

はてなブログは、株式会社はてなが運営するブログサービスです。基本的な機能面はライブドアブログと大きな差はありませんが、検索エンジンに強いという評判もあります。また、はてなが提供する「はてなブックマーク」との親和性が高く、ほかのブログサービスよりも「**〝はてなブックマーク〟からの集客がしやすい**」という特徴があります。

ただ、はてなユーザーはITリテラシー（インターネットなどを使いこなす能力）が高い傾向があり、読ませる文章であれば「はてなブックマーク」から大きなアクセスを呼び込めるメリットがある反面、アフィリエイト広告経由で商品を購入してくれない可能性も高いので、直接的な収益化には向かないデメリットもあります。

なお、「**独自ドメインは有料プランに申し込むことで利用できる**」ようになります。

● はてなブログ（http://hatenablog.com/）

❹ WordPress

WordPressとは、無料で利用できるCMSです。**WordPress**には2種類あり、オンライン上で利用できる**WordPress.com（https://ja.wordpress.com/）**と、レンタルサーバーを契約してそのサーバー内にインストールして利用するタイプの**WordPress.org**があります。本書での**WordPress**とは、後者のシステムを指します。

　WordPressを利用する場合は、独自ドメイン（URL）を取得し、レンタルサーバーと契約したうえで、自分の手でインストールをする必要があります。現在**WordPress**は、ほとんどのレンタルサーバーの管理画面内に簡単インストール機能がついているので、難しい設定をすることなく利用できるサービスになっています。

　ただし、「**WordPressはまったくのゼロからブログの作成をしなければいけないので、検索エンジンからすぐにアクセスを集めるのが難しい**」傾向にあります。コツコツと記事を投稿してブログの情報を増やしていくとと

● WordPress（https://ja.wordpress.org/）

もに、**Facebook**や**Twitter**などのSNSを活用してアクセスを集めていく努力も必要です。**WordPress**は非常に自由度の高いシステムである反面、どうしても運営コストがかかりプログラムやデザイン知識も必要になる場合が多いので、自分の熟達度に応じて利用するかどうか検討しましょう。

2 ブログサービスを選択するときに考える3つのポイント

4種類のブログサービスを紹介しましたが、どのサービスにも特徴があり選ぶのを迷ってしまいます。仲間をつくりたいのか、お金を稼ぎたいのか、集客したいのかなど、目的によっても選択の基準は変わります。これから、選択のヒントになりそうな項目をさらに深掘りしていくので、自分がブログで何をしたいのかを明確にして、利用するサービスを決めましょう。

❶ ブログのレイアウトが自由にカンタンに変更できるか?

ブログのデザインが豊富で、記事が読みやすいレイアウトを自分で調整できるようなサービスを選びましょう。文字の大きさや段落、行間などを微調整することで、文章の読みやすさは格段に向上します。特に文章を読ませたいと思っているのであれば、読みやすさという点は非常に重要なので、必ずチェックしておきましょう。

❷ 広告を自由に掲載できるか？

ブログを通じてお金を稼ぎたい、収益をあげたいのであれば、Google AdSenseやアフィリエイトプログラムが利用できるブログサービスを選びましょう。せっかくアクセスが集まっても、収益化の手段がないのであれば、お金を稼ぐことはできません。残念ながらアメーバブログでは、一部のアフィリエイトを利用することはできるものの、収益を軸に考えると選択肢からは外れてしまいます。各ブログの得意分野を認識したうえで利用するサービスを決めましょう。

❸ システムやサーバーが安定しているか？

ブログの表示速度が遅かったり、メンテナンスが多くてブログを閲覧することができなかったら、せっかく読者が訪れたにも関わらず記事を読むことなく去っていってしまいます。ブログの投稿画面が不安定で、思うように投稿できなかったら時間的損失ですし、ストレスも溜まります。ブログの投稿や閲覧が安定してできるブログサービスを利用しましょう。

3 無料ブログサービスを利用するメリット・デメリット

無料ブログサービスを利用してブログを運営する最大のメリットは、運用リスクが低いという点です。ブログ運営にかかる金銭的負担は基本的にゼロ円で、あなたが記事を書く時間コスト

（手間賃）しか発生しません。デザインテンプレートも数多く用意されているので、細かな設定よりも記事を書くことだけに集中してブログ運営が可能です。また、紹介している商品がテレビに取りあげられるなどして急にアクセスが増えたとしても、ブログサービスの運営会社はブログの安定表示のための対策をしてくれているので、サーバーが落ちたりしてブログを閲覧できなくなる可能性も低いです。しかしながら、管理を運営会社に依存しているデメリットも確かに存在します。最も大きなデメリットは、**「運営会社の方針や規約に準拠していないと警告を受け、最悪の場合はブログが削除されてしまう」**という点です。ほかにも運営会社が収益をあげるために配信している広告が、あなたの意志とは関係なく表示される点もデメリットとして挙げられます。

4 レンタルサーバーを利用するメリット・デメリット

自分でサーバーを借りてブログを運用する最大のメリットは、自由度の高さです。自分の好きな方法で商品やサービスを紹介できますし、ブログのデザインや広告の配置位置などもあなた好みに変更することができます。

デメリットは、ブログ運営に関するすべての要素が自己管理だということです。急激にアクセスが増加した場合、安価なサーバーだとアクセスの負荷に耐えられずブログが閲覧できなくなってしまうことがあります。デザインや検索エンジン対策なども自分自身で勉強していく必要があり、ただ記事を書くだけでなく総合的にブログを管理するための能力が必要になります。

02 ブログで取り扱うテーマを決めよう

1 あなたの得意な分野をブログのメインテーマにする

利用するブログサービスを決めたら、次にやることは「**そのブログで取り扱うテーマを考える**」ことです。ノンジャンルで自分の考えや日々の出来事を日記的に綴ることも悪くはないですが、本書を読んでいるということは、何かしらの目的があってブログを運営したいと考えているはずです。

「ホームルーム」でお話ししましたが、ブログを通じて得たい成果は人によって違います。同じ趣味の友人を増やしたい人、有名人になりたい人、広告収入を得たい人、出版したい人など……。目指すゴールが定まっているのであれば、そのゴールに準じたテーマを選ぶ必要があります。「**目的地が決まれば、強いモチベーションで文章を投稿し続けられる**」はずです。

そこまで強い目的意識を持っていないのであれば、ひとまず「**あなたの得意な分野、あるいは**

これから力を入れて学びたい分野を選択する」ことをお勧めします。なぜなら、ブログを運営しはじめてすぐにアクセス数が伸びたり、収益が発生したりするのは非常に稀だからです。一定期間（最低でも1カ月）は記事を投稿し続けないと変化は生まれません。でも好きな分野であれば、すぐに成果につながらなくても記事を書き続けることができるでしょう。まずは「**書き続けるという行動が1番大切**」です。

自分の得意分野とアクセスが集まりやすいジャンルを組みあわせる

テーマによってはアクセスが集まりやすいジャンル、収益が大きくなりやすいジャンルも存在します。もし自分の得意分野、チャレンジしたい分野と共通する要素があれば、上手に組みあわせることで効率的にアクセス数の向上や成果の発生を見込むことが可能なので、ぜひ試してみてください。以下、代表的なジャンルを載せるのでヒントとして活用してください。

2 アクセスを集めやすい傾向のジャンル

❶ トレンドキーワード

新製品の発売や、注目の集まるイベントなどを積極的に記事にすることで、その情報を求めている読者層の流入を見込むことができます。たとえば**iPhone**の新機種発表のタイミングにあわせて、解説記事を大量に投稿するといった具合です。この書籍の原稿を書いている2016年7月時点の情報でいえば、参院選やリオオリンピックの情報がトレンドキーワードに適合します。

今後は、ラグビーワールドカップや東京オリンピックに関する情報を準備しておくことで、シーズン直前から大きなアクセスを呼び込むことができるでしょう。日本語だけでなく、海外からの旅行者向けに英語で会場案内や**Wi-Fi**スポットの紹介、電車の乗り方などを多言語で解説するのも効果的です。

❷ シーズンキーワード

四季折々、季節に応じたキーワードが存在します。「夏休みや冬休みの家族旅行先」「春休みの卒業旅行情報」「海水浴場」「スキー場」「花火大会会場」「七五三にお勧めの神社」「小学生の夏休みの自由研究のテーマ」「入学」「卒業」「季節に応じた野菜の育て方」「資格試験の勉強法」などなど。ざっと挙げただけでも、これだけ季節のキーワードがあります。これらの情報を効果的に発信することで、毎年そのシーズンが訪れると自動的にアクセスが集まってくるブログになるわけです。また、ラグビーワールドカップや東京オリンピックも広い視野で考えるとシーズンキーワードに該当します。

❸ エリアキーワード

旅行記や飲食店の食べ歩きなど、エリアを絞ることでその地域の情報を求めている読者を集めることが可能です。2時限目で紹介している「とよすと」は東京の豊洲エリアの情報特化型サイトとして、豊洲の情報を求めている人に人気があります。

度々の登場となりますが、ラグビーワールドカップにちなんで、決勝戦の会場となる横浜周辺の飲食店や観光スポットを紹介することで集客につなげることができるでしょう。東京オリンピックも同様で、各競技の開催場所近辺の情報を詳しく載せることでアクセスを集めることができます。

❹ 鉄板キーワード

時期を問わずアクセス数が期待できる鉄板キーワードも存在します。特に体験記やノウハウ系の普遍的な情報を多数掲載することで、安定したアクセスをねらうことが可能です。たとえば**Excel**の使い方や**iPhone**の使い方などは、この先も求められる情報でしょう。しかしながら、これらの鉄板キーワードはすでに競合も多いので、より濃い内容・丁寧な内容の情報を心がけるか、自分の身体を使って実体験を載せるようなオリジナリティが重要となります。

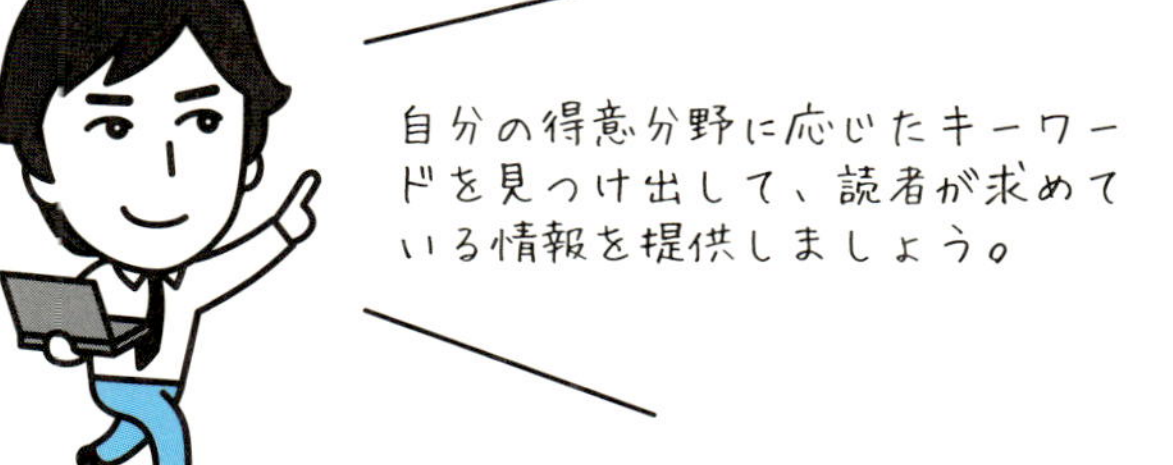

3 収益が大きい傾向のジャンル

収益が大きくなる傾向にあるジャンルとしては、次の３つが挙げられます。

❶ そもそもの単価が高い業界（不動産、自動車、パソコン、旅行）
❷ 一生涯における使用金額が大きい業界（保険、株・FX、キャッシング、クレジットカード）
❸ 自己成長・キャリアアップのためのジャンル（就職・転職、資格、語学）

これらのジャンルに共通していえることは、ライフタイムバリュー（ひとりの顧客が取引期間を通じて企業にもたらす利益）の大きい業界だという点です。１度顧客になってもらえれば、生涯を通じて大きな利益をもたらしてくれるお客様との接点を持つために、企業は広告を出すわけです。その生涯利益が大きければ大きいほど、顧客獲得のための初期投資の金額も大きくできるので、結果として収益が伸びます。

もし、自分の得意分野がライフタイムバリューの大きい業界とマッチしていたら、大きなチャンスです。宅地建物取引主任者の資格を持っていたり、不動産業界に勤めていたのであれば、リーズナブルにマンションを買う方法を解説したブログを書いてもいいでしょう。英語が得意なのであれば、英語の勉強法の解説ブログを書くのもありです。

今は得意分野でなくても、「英語を話せるようになりたい！」という強い意志があるならば、勉強記や英語教材の体験記を書いてもいいでしょう。読者と一緒に努力している姿勢が感じられれば、大きな共感を生んで応援してもらえるブログになります。

とにかく大切なのは、次の３つです。

❶ 目的をはっきりさせること
❷ 自分ができることは何か認識しておくこと
❸ その情報が読者に喜ばれるかということを考えてテーマを決めること

最初からこの３点が定まっていれば好ましいのですが、ブログを運営していくうちに一つひとつ定めていってもかまいません。１歩ずつ、魅力的なブログに成長させていきましょう。

03 ネタ切れしない考え方を身につけよう

1 継続こそがブログ運営の肝

さまざまな目的があってブログを書きはじめたとしても、アクセス数であったり、収益の大きさであったり、知名度の向上であったり、何かしらの結果が発生するには時間がかかります。もちろん、結果の出るスピードは人によって違います。もともと文章を書くトレーニングを積んでいた人であれば、まったくの初心者よりもブログの成長スピードは早いでしょう。もともとインターネット上での商品・サービスの販売担当者だったのであれば、まったくの初心者よりも収益が発生するスピードは早いでしょう。もともと知名度が高い人がブログをはじめたら、いきなり大量のアクセスを集めることだって可能です。

でも、何よりブログで結果を出すために大切な要素は「**継続**」です。誰もが今まで違った人生を送ってきているわけですから、スタートダッシュのスピードが異なるのは当然です。しかしながら、継続は違います。1カ月しかブログの更新が続かなかった人と、3カ月続いている人の結果はまったく違います。半年、1年、2年と続いている人との差はもっと大きくなります。ブログは過去の記事が蓄積されることによって、小さなアクセスを集められるしくみになっています。**「記事本数が多いのは、それだけで大きな武器」**になるのです。

ブログを書きはじめる前に、まずは次の3つの項目をチェックしてみましょう。すでにブログの運営をはじめている人でも、今後長くブログを運営していきたいのであれば、いったん立ち止まってチェックしてみてください。

2 ブログを運営していくために書き出す3つのこと

❶ 自分の好きなこと（得意なこと）を書き出す
❷ 自分の過去の経験を振り返り、できることを書き出す
❸ 興味の強い事項、学びたいことを書き出す

すべてにおいて「書き出す」という言葉が入っていますが、**「頭の中に浮かんだ単語やフレーズを脳の外部に出すということが重要」**です。出力するためのツールは、ノートや単語帳といったアナログ的なものでも、パソコン上のテキストファイルやスマートフォンを活用して自分にメールを送るといったデジタル的な行為でもかまいません。ボイスレコーダーにワンフレーズずつ吹き込んでいってもいいです。とにかく、思いついた事項をアウトプットしましょう。

❶自分の好きなこと（得意なこと）を書き出す

サッカーが好きなのであれば、まずはサッカーを軸にした内容をアウトプットしましょう。日本代表の紹介や海外サッカーの情報、学生時代に部活で汗を流していた経験があるのなら、フェイントのトレーニング方法などもいいでしょう。旅行好きなら、旅先の観光地やグルメ、アクセス方法、マニアックな撮影ポイントなどを紹介するのもいいでしょう。読書が趣味なら、自分のお勧めの小説やビジネス書、エッセイなどを、第三者が読みたくなるように紹介しましょう。夏休みの読書感想文の課題図書になりそうな書籍の感想を書くことで、毎年8月後半に多くのアクセスを集めることができます。好きなことというのは、それだけでひとつの強みとなります。

❷自分の過去の経験を振り返り、できることを書き出す

私は会社員時代に採用担当の経験を7年積んだので、履歴書や職務経歴書の書き方、人事担当に評価されやすい面接作法、役員に好まれそうな態度などを説明できます。また、勤務地が池袋や新橋だったので、近辺の美味しいランチスポットの情報をたくさん持っていました。

このように、体験・経験というものは自分自身で得た情報で、ほかの誰にもないオリジナリティの高い情報となります。仕事上の経験や知識、生活の中で体験したことをもれなく生かすこ

とで、魅力的なコンテンツにしあげることができます。

③ 興味の強い事項、学びたいことを書き出す

現在の自分自身の知識や経験にどうしても自信が持てないのであれば、これから読者と一緒に学んでいくというブログの運営スタイルも考えられます。私が運営している「**Xperia**非公式マニュアル」はまさにこの形態で、当時発売されたばかりで使い方がまったくわからなかった**Android**スマートフォンの使用方法の解説と、役に立つアプリの紹介をメインのテーマに据えました。今の自分ではわからないことも、読者と一緒に試行錯誤し成長していくさまを記事として提供することで、十分に価値のある内容となります。

実際に書き出してみると、自分の得意分野や方向性が形となって見えてくるはずです。まずは、書き出した単語やフレーズを軸にして記事を書いてみましょう。

3 書くネタが尽きたら、新しい情報をインプットする

とはいえ、毎日毎日ひたすら文章を書いていたら、どうやっても記事のネタが尽きてしまいます。私の経験上では、「**30〜50記事ぐらいで書くことがなくなってしまうのが一般的**」です。今まで毎日文章を書いていたわけではありませんから、別に恥ずかしいことではありません。しかし、半年、1年とブログを運営し続けないと、大きな結果にはつながりません。だからこそ、ネタが

尽きたときでも、新たなネタを生み出す考え方、手法を学んでおく必要があります。

ネタが尽きたら新たな知識を仕入れる

手法といっても考え方はシンプルで、アウトプットすることがなくなったら新しくインプットしようということです。本を読む、観光地に足を運ぶ、勉強会で知識を得るなど、何でもかまいません。新しいレストランにランチを食べに行くことだって、立派なインプットです。情報収集やリサーチを行い、その得た経験や知識をまた文章に変えていけばいいのです。

過去の記事を今の自分で書き直す

インプット量とアウトプット量を増やすことで、自分の能力が向上します。視野が広がるといってもいいでしょう。そうなってきたら、自分の過去の記事を見直してみましょう。最初のころに投稿した記事を再読することにより、当時の未熟さに気づきます。主張と論証が成立していなかった、使っている言葉が難解で一般の人に通じない、そもそも記事自体が面白くないなど、記事を書いたころにはまったく気がつかなかった点を見つけられるでしょう。

3カ月前、半年前の記事を現在の視点や能力で書き直すことで、ひと味違った内容に進化させることができます。この、**「視点の変化や質の進化が重要」**なのです。**「自分が表現したいことは何度でも、手を変え品を変え書いていい」**のです。

Column 1

「Research」すること

ーリサーチはブログ運営においてとても重要な行動ー

「Research（リサーチ）」という単語は、そのまま日本語として使われることが多いですが、「研究、探究、追究」という意味があります。ブログという観点から考えると、「**読者（あるいは読者になるかもしれない人）がどのような情報を求めているのかを調査する行為**」を指します。

インターネットにどっぷり浸かっている人は、情報収集はGoogleやYahoo!で検索すればOKと思うでしょうが、世の中のすべての人がそうとはかぎりません。そして、明確な検索キーワードが頭の中に浮かぶ人ばかりでもありません。一般の人がどんな情報を求めているのか、そしてどのように情報を得ようとしているのかは、インターネットの中の世界にいても気づくことはできません。そのようなときこそ外に出て、自分の足を使って探求しましょう。ヒントは街中に数多く溢れています。

たとえば書店。「どのようなジャンルの雑誌が多く並んでいるのか」「雑誌の中でよく使われている共通のフレーズは何か」「どの雑誌がよく売れているのか」など、見ているだけで流行を把握することができます。私も今、女性が知りたがっている情報が何かを調べたいときは、雑誌をまとめて購入して研究したりしています。

たとえば電車の中吊り広告。たとえば有楽町阪急と有楽町ルミネの客層の違い。世間一般に公開されている情報を注意深く探ったり、街中を歩く人々の動きを観察したりすると、さまざまな情報を得ることができます。

調べてみるとわかりますが、インターネットで流れている情報と実社会で流れている情報には、微妙にズレがあります。

この「**“違い＝足りない情報”である可能性が高いので、このような点を見つけられると、あなたにしか書けない特徴のある記事を制作できる**」ようになります。

家の中で得られる情報はかぎられています。足を使って実社会から気づきを得ましょう。

04 基本的な文章の書き方を学ぼう

自分の得意分野を認識し、ブログサービスを決めて取り扱うテーマを決めたら、早速記事を書いてみましょう。といって、いきなり文章を書きはじめられる人は多くありません。文章を書くことに慣れていない人は、どうやって文章を組み立てていくのかを知らない場合がほとんどです。ここでは、基本的な記事の構成方法から、読み手にやさしい文章を書くコツなどをお話していきます。

1 ○○とはを意識する

一般的にインターネットで物事を調べる場合、「○○とは」というキーワードで検索することがよくあります。みなさんもわからないことを調べる際、「○○とは」というキーワードで検索したことはありませんか？　あなたの持っている情報を、「**○○とはという形で解説することによって文章化しやすくなる**」ので、何を書いていいのか困ったときには積極的に活用しましょう。

2 最初のうちは5W3H1Rを意識した文章を心がける

中学生の英語で聞いたことのあるフレーズだと思いますが、「**5W3H1Rを意識して書くことで、非常に丁寧な文章にしあがります**」。

5W3H1Rとはアルファベットの頭文字を取った略語ですが、これらの情報をすべて含むことで文章量や記事数も増えますし、読み手にとっても有益な情報源となります。

- ❶ When　いつ、いつまでに（期限・期間・時期・日程・時間）
- ❷ Where　どこで、どこへ、どこから（場所・アクセス・地図）
- ❸ Who　誰が、誰向けに（主体者・対象者・担当・役割）
- ❹ What　何が、何を（目的・目標・要件）
- ❺ Why　なぜ、どうして（理由・根拠・原因）
- ❻ How　どのように（方法・手段・手順）
- ❼ How many　どのくらい（数量・サイズ・容量）
- ❽ How much　いくら（金額・費用・価格）
- ❾ Result　結果どうだったか（感想・体験記）

たとえば旅行記なら、次のように5W3H1Rを使って書きます。

「❶秋の❷京都に❸家族で1泊2日の❹紅葉巡り旅行にやって来ました。京都の北野天満宮は梅の名所として有名ですが、❺実は秋の紅葉の美しさも格別だと知り、これは1度は見ておかないと！と思ったからです。出発は朝❻9時の東京発新幹線のぞみで、❼約2時間半の電車旅でした。京都駅に着いたら名物のにしんそばを食べて腹ごしらえ。満腹になったら散歩がてら京都の街中を散策して、ひとまず宿にチェックインしました。❽1泊2食つきでひとり1万2000円のリーズナブルな旅館だったのですが、❾部屋は広くて、大浴場も立派でした。私は温泉好きなので、ゆっくりと湯船に浸かって旅の疲れを癒やすことができました。いよいよ明日は念願の北野天満宮ですが、その前に熱燗をチビリチビリとやりながら明日のプランを練ろうと思います。次の記事で北野天満宮の立派な写真を披露しますね！」

ちなみに右の文章の文字数は約350字ですが、これに自分の感想やもっと細かい情報を追加することで、800字ぐらいの内容に膨らますことができるでしょう。ブログ運営的には、「**一般的に1記事600～1000字が好ましい**」といわれているので、構成が決まったらある程度の文字数になるよう、情報を追加していきましょう。

また、次項の05「写真や動画を活用しよう」で詳しくお話ししますが、写真やイラストを載せて視覚に訴えることにより、読み手の理解度を高めることもできます。百聞は一見に如かずということわざもありますが、やはり画像の力は偉大です。文章だけでなく、バランスよく写真を織り交ぜて記事を書きましょう。

3 あなたにとってはあたりまえでも、他人から見たらはじめての話

ブログを書き続けていると、ふと「こんなこと誰でも知っているよな」と思うことがあります。自分の書いている情報はすでに世の中に知られているのではないか、わざわざ自分が書く必要がないのではないかという疑問がわいてくるのです。

でも、それは誤解です。自分の持っている情報や経験（特にあなたが詳しい分野）は間違いなく役に立つ情報で、まだまだ世間に知られていない情報だということを、心に留めておいてください。常に「**自分の常識は他人の非常識である**」ということを頭の片隅において文章を書くようにしましょう。

4 子どもにも理解できる言葉で

その分野に詳しい人が陥りやすい傾向として、専門用語や業界用語を多用してしまうという点

があります。基本的に、「**情報を求めてくる人は何も知らない**」と思っておいたほうがいいでしょう。ブログの説明をするのに、インターネットで使われる用語ばかり使ってはダメです。プログラムの解説をするのに、テクニカル用語ばかり使っていては理解してもらえません。

特に、世間の人はあなたが思っているほど幅広い知識を持っているわけではありません。難しい単語、専門用語などは、あらかじめウィキペディアや国語辞典、類語辞典を用いて、何か別の言葉で置き換えられないか調べてみましょう。

「**専門用語・業界用語はそのまま載せず、誰にでも通用するような、普段使っている言葉に置き換える気配りが重要**」です。

目安としては、「**小学校高学年の子どもが読んでも理解できる単語を使用する**」のが好ましいです。

● どの層に向けて伝えるのかを意識する

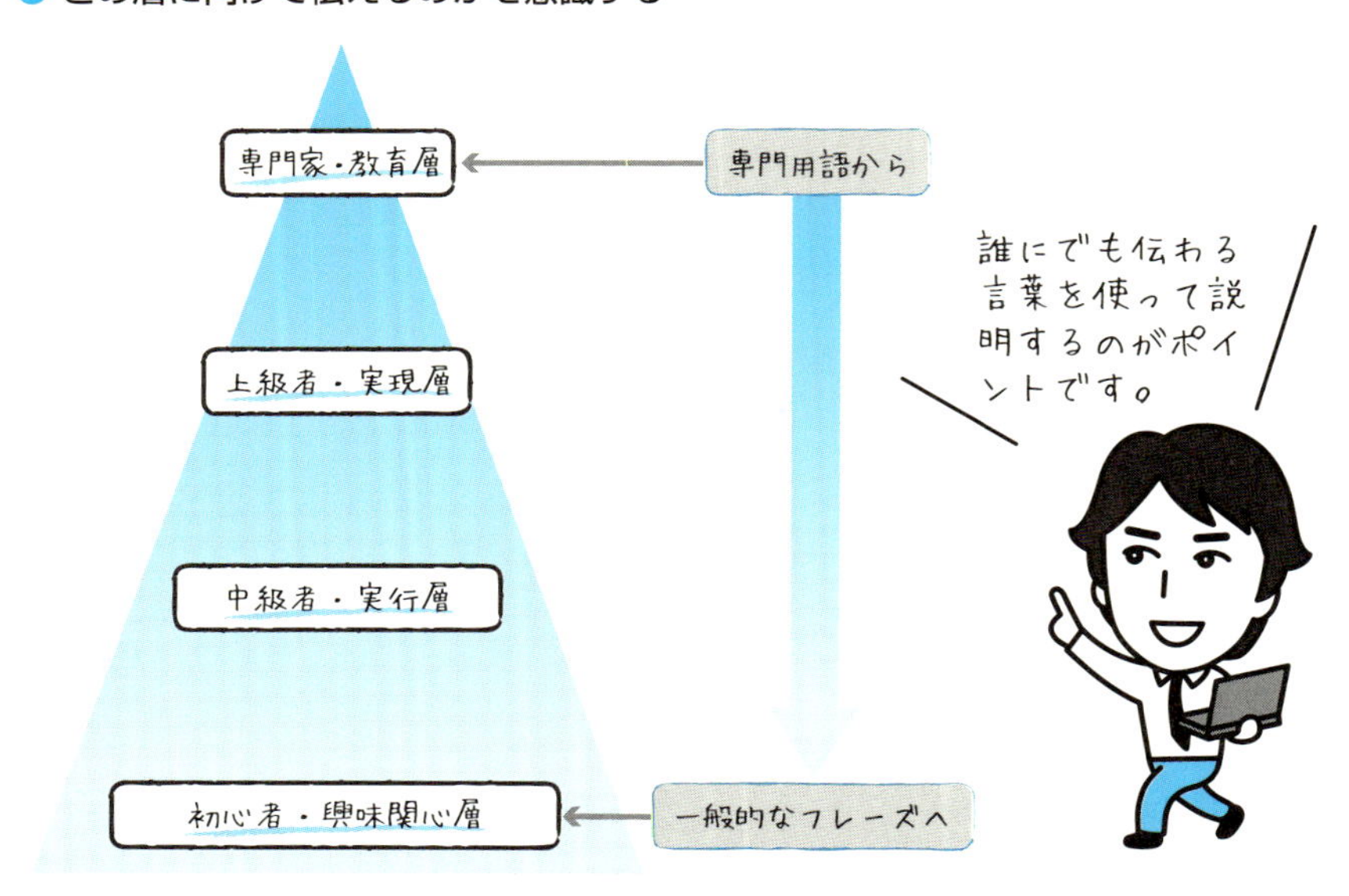

● 自分の文章力を向上させるために

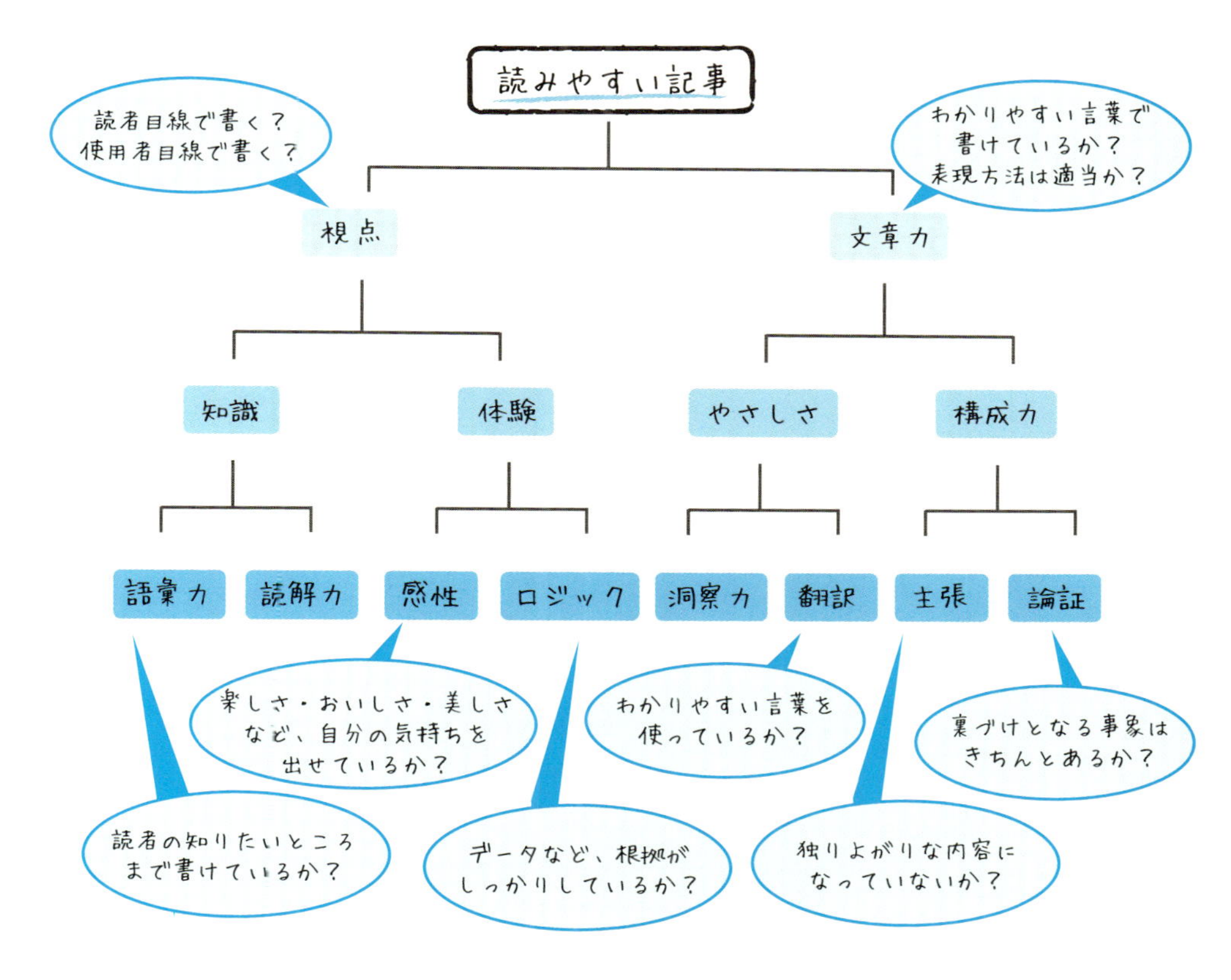

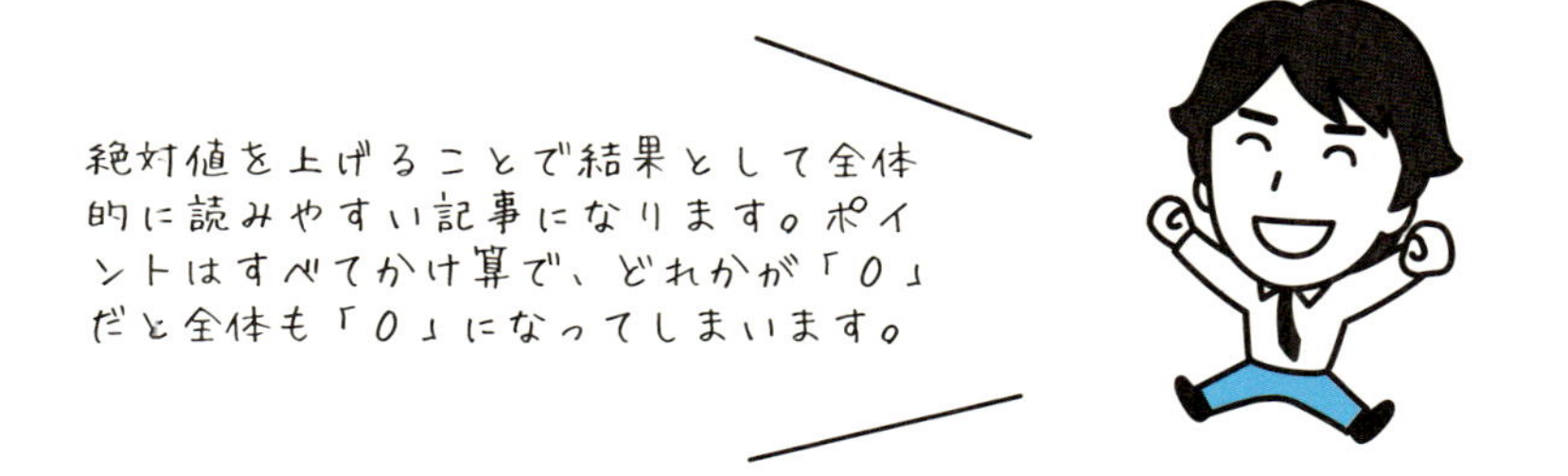

05 写真や動画を活用しよう

前項でもお話ししましたが、百聞は一見に如かずということわざがあります。インターネットでもそれは同様で、写真や動画など視覚に訴えかける情報は非常に有効です。文字だけで伝えようとするとどうしても長い文章になって、読みづらくなってしまう傾向があります。そして残念なことに、**「あなたの伝えたいイメージを文章だけで読み手に伝えるのは非常に困難」**です。そこで画像や動画を上手に活用すると、簡単に理解度を上げることが可能になります。そのためには、あなたの伝えたいイメージを伝えられる写真か動画を撮らなくてはなりません。

本項では写真や動画の撮影について、押さえておきたいポイントをお話しします。とはいっても難しいことではなく、簡単なポイントを押さえるだけです。ちなみに、写真というと一眼レフなどの高性能カメラを買わなければいけないと思われるかもしれませんが、最初のうちはコンパクトデジタルカメラで大丈夫です。むしろカメラ任せで撮ったほうが、きれいに撮れるくらいです。最近のスマートフォンはデジカメに負けないくらいの画質があるので、スマートフォンのカメラでもかまいません。

1 読者に刺さる写真の撮り方

❶ とにかく枚数を撮る

いい写真を撮るコツは、「**何はともあれ枚数を撮る**」ことです。同じ被写体を何十枚と撮影することで、その中で1番よく撮れた画像を選択できます。2枚より10枚、10枚より20枚撮影しておいたほうが、奇跡の1枚が撮れる可能性も高まります。ただし、何百枚も撮影してしまうと選択に時間がかかってしまうので、適度な枚数を撮影するようにしましょう。同じ被写体を20枚も撮影すれば、ベストショットが撮れるものです。

❷ 撮影はなるべく日中の明るいうちに

太陽の光は1番の照明です。夜に蛍光灯の下で撮影してみたものと比較してみると、一目瞭然です。せっかく撮影するなら、なるべく明るい昼間に撮影することを心がけましょう。

❸ いろいろな角度から撮影する

上下前後左右斜めなど、「**ひとつのものをいろいろな角度から撮影しましょう**」。読者はインターネット上の画像だけが頼りです。実際にそのものを自分の手に取ることができなくても、その商品や物がほしくなるように、「ここ見たいだろうな」「ここ知りたいだろうな」という読者目線で撮影して、少しでも不安点や疑問点は解消しておきましょう。

❹ 比較対象物を載せる

文章でどれだけ「15センチぐらい」だとか「単行本サイズ」だといっても、なかなかイメージは伝わりません。ですが、「**撮影したいものの横に見覚えのある比較対象物を置く**」だけで、かなり伝わりやすくなります。たとえば **iPad mini** の製品紹介であれば、横に **iPhone** を置くといいでしょう。**iPad mini** をほしがる人は、おそらく **iPhone** を使ったことがある人たちでしょうから、自分の頭の中で勝手にイメージを補完してくれます。巨大なカボチャのサイズを伝えたければ、自分が隣に座ればいいわけです。

❺ 画像を加工する

撮影後の加工については、**Photoshop** などの本格的な画像加工ソフトがあれば言うことなしですが、無料で使える **GIMP**

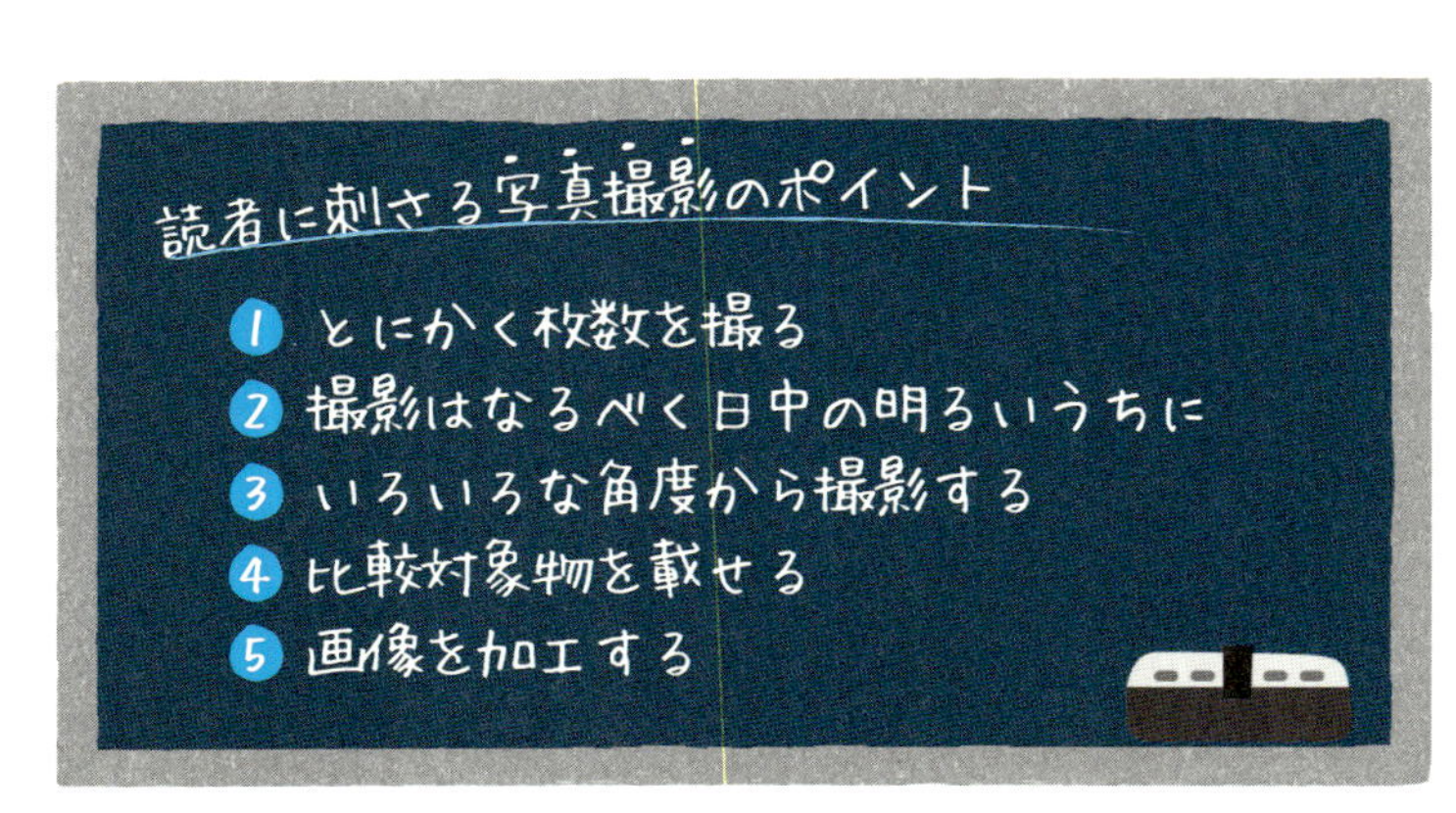

(http://www.gimp.org/) などの画像加工ソフトでもかまいません。現在はスマートフォンでも、画質調整などができるアプリが多数あるので、いろいろと試してみて自分の使いやすいツールを見つけてください。

2 読者に刺さる動画の撮り方

写真やイラストよりも臨場感が高い表現手段として、動画があります。特に商品やサービスを実際に使用している映像は、静止画よりも使用感のイメージを効果的に伝えることができます。家電であれば、動きや静粛性を伝えましょう。ラグビーワールドカップや東京オリンピックにあわせて、成田空港からの電車の乗り方を英語で案内してもいいでしょう。ペットなどの動物を扱う場合なら、犬や猫の動きを愛くるしさたっぷりに撮影するといいでしょう。文字情報だけでなく、視覚や聴覚に訴えかけることによって、何倍もの情報を届けることが可能になります。

動画も、最初のうちは高性能のビデオカメラなどは必要なく、一般的なデジタルビデオカメラやスマートフォンの動画機能を使うだけでも問題ありません。ただし、**「三脚はあると非常に便利」**なので用意しておいたほうがいいでしょう。また、**「撮影に慣れないころは上手に撮影できないことが多いので、短い映像をつなぎあわせるような方法が1番作成しやすい」**です。短いカットなら間違えても簡単に撮り直せるので、短いカットをたくさん撮るようにしましょう。

撮影のコツは基本的には写真と同じですが、さらに4点ほど気をつけたいポイントがあります。

❶ 動作は大きく

動画の場合、大げさに動いたほうが伝わりやすくなるので、オーバーアクション気味に撮影しましょう。

❷ 話し方はゆっくりと、製品の音はしっかりと

解説する際は、ゆっくりと聞き取りやすい声でしゃべりましょう。また、商品を紹介する場合はバックの音はなるべく静かにして、製品自体の音をしっかりと収録しましょう。

❸ 動画を編集する

撮影した動画をそのまま配信してもいいのですが、編集ソフトで解説のテキストを加えるといった、ひと手間をかけたほうが閲覧者にとってやさしい動画になります。**Windows**、**Mac**ともに無料の動画編集ソフトがあるので、こちらを使って加工してみてください。

- Windows ムービーメーカー（http://windows.microsoft.com/ja-JP/windows/get-movie-maker-download）
- iMovie（http://www.apple.com/jp/ilife/imovie/what-is.html）

❹ 動画の公開はYouTubeとVineを使う

動画の公開については、無料で利用できる（2016年7月現在）**YouTube**（**https://www.youtube.com/**）を使うのが一般的です。

また、6秒以内の短い映像であれば、スマートフォンアプリの**Vine**（**https://vine.co/**）を利用している人も多くいます。**iPhone**でも**Android**スマートフォンでも配信されているので、ちょっとした動画、たとえば肉汁があふれるステーキの映像などを気軽に撮影したい場合は、**Vine**を使ってもいいでしょう。**Vine**はSNSでもあるので、面白い動画は拡散されやすい傾向があります。撮影自体は非常に簡単なので、ぜひいろいろなシーンを撮って公開してみてください。

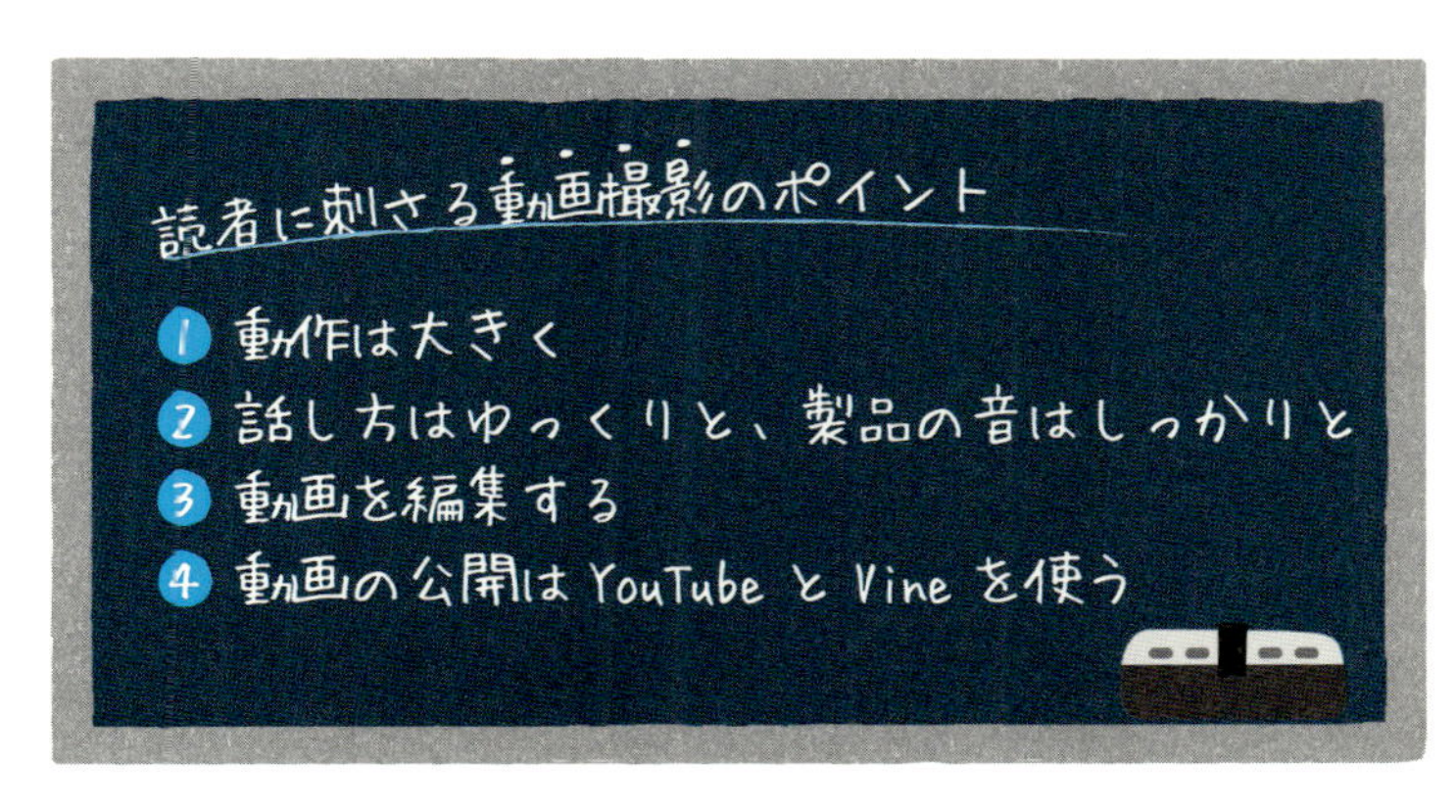

06 データを分析してアクセスアップしよう

1 Googleアナリティクスと Google Search Consoleを使う

ブログ運営においてアクセス数の向上をねらうなら、アクセス解析は必須の作業です。アクセス解析を行うことで、あなたの運営するブログの傾向や強み、そして課題を見つけ出すことができます。アクセス解析ツールはインターネット上にたくさん存在しますが、本書では無料で利用できる**Google**アナリティクス（２０１６年７月現在、月間１０００万アクセスまでは無料で利用可能）と、**Google Search Console**（旧：**Google** ウェブマスターツール）を使って、ブログの効果検証および改善方法についてお話しします。

- Googleアナリティクス（https://www.google.com/intl/ja_JP/analytics/）
- Google Search Console（https://www.google.com/webmasters/tools/）

なお、導入方法については次のサイトが参考になるので、導入に困ったら確認してください。

- Google Analyticsの使い方（AdminWeb：http://www.adminweb.jp/analytics/）
- ウェブマスターツールの使い方（AdminWeb：http://www.adminweb.jp/wmt/）

Googleアナリティクスとは、あなたのブログのアクセス数の確認や、訪問者の環境や属性（性別や地域、スマートフォンかパソコンかなど）、たどり着いた経緯、ブログ内での移動遷移などを調査できるツールです。また**Google Search Console**とは、**Google**の検索結果を管理・確認できる、ウェブサイト運営者向けサービスのひとつです。最近では、「**Googleアナリティクスではブログに到達した検索キーワードを取得できない場合が多くなってきたので、Google Search Consoleと連携して活用することが重要なポイント**」になっています。

2 Google アナリティクスの活用ポイント

Googleアナリティクスにはさまざまな機能が搭載されていますが、全部使おうと思うと時間がいくらあっても足りません。最初のうちは一定の項目に絞って、ブログの状況をチェックしましょう。

❶ ユーザー∨サマリー

「日々の訪問者数やページビュー数を確認」できます。ブログ開設当初はさほど大きな数値にはならないので、アクセス数の大小は気にしなくて大丈夫です。少しずつでも右肩上がりになっていくように、継続して記事を投稿していく努力をしましょう。

大きなアクセスを計測している日があったら、なぜアクセスが伸びたのかを検証してみましょう。記事のタイトルや内容、SNSからの拡散具合など、再現できそうなポイントが見つかったら次の記事でテストしてみると、ノウハウにつながります。

❷ 集客∨キャンペーン∨オーガニック検索キーワード

「Google検索やYahoo!検索で、どのようなキーワードで検索して読者が訪問してきているかを知る」ことができる項目です。セッション数が多ければ多い

● Google アナリティクスのユーザー＞サマリー画面

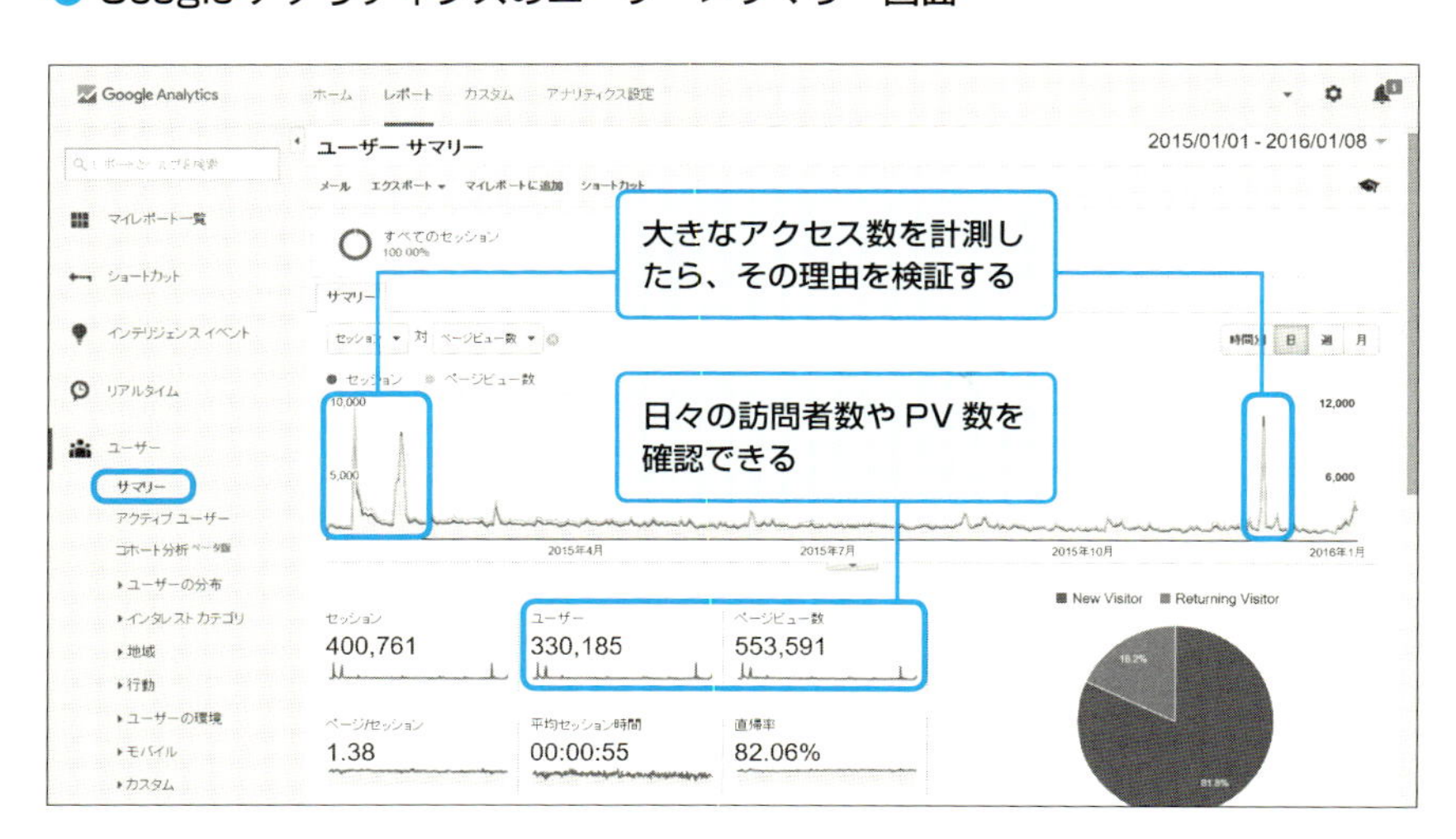

ほど、そのキーワードで検索され、ブログに訪れている人が多いということを意味します。単独のキーワードで検索されることもありますが、ねらい目は「YouTube 画質」といった複数のキーワードでの検索結果、いわゆる「**複合キーワードをどれだけ見つけられるか**」という点です。たくさんのアクセス数を集めるキーワードも重要ですが、実はとても大切なのが、1〜2件程度の小さなボリュームのキーワードです。計測してみると上位のキーワードからのアクセス数よりも、1〜2件の小さなアクセスを合算した数値のほうが大きくなる場合がほとんどです。

　このニッチなキーワードを主題にした記事を追加することで、アクセス数を積み上げられます。「**検索キーワードをしっかりと分析することで、読者が求めていると思われる内容の記事を強化し、ブログのアクセスを増加させていく**」ことができます。

Google アナリティクスの集客＞キャンペーン＞オーガニック検索キーワード画面

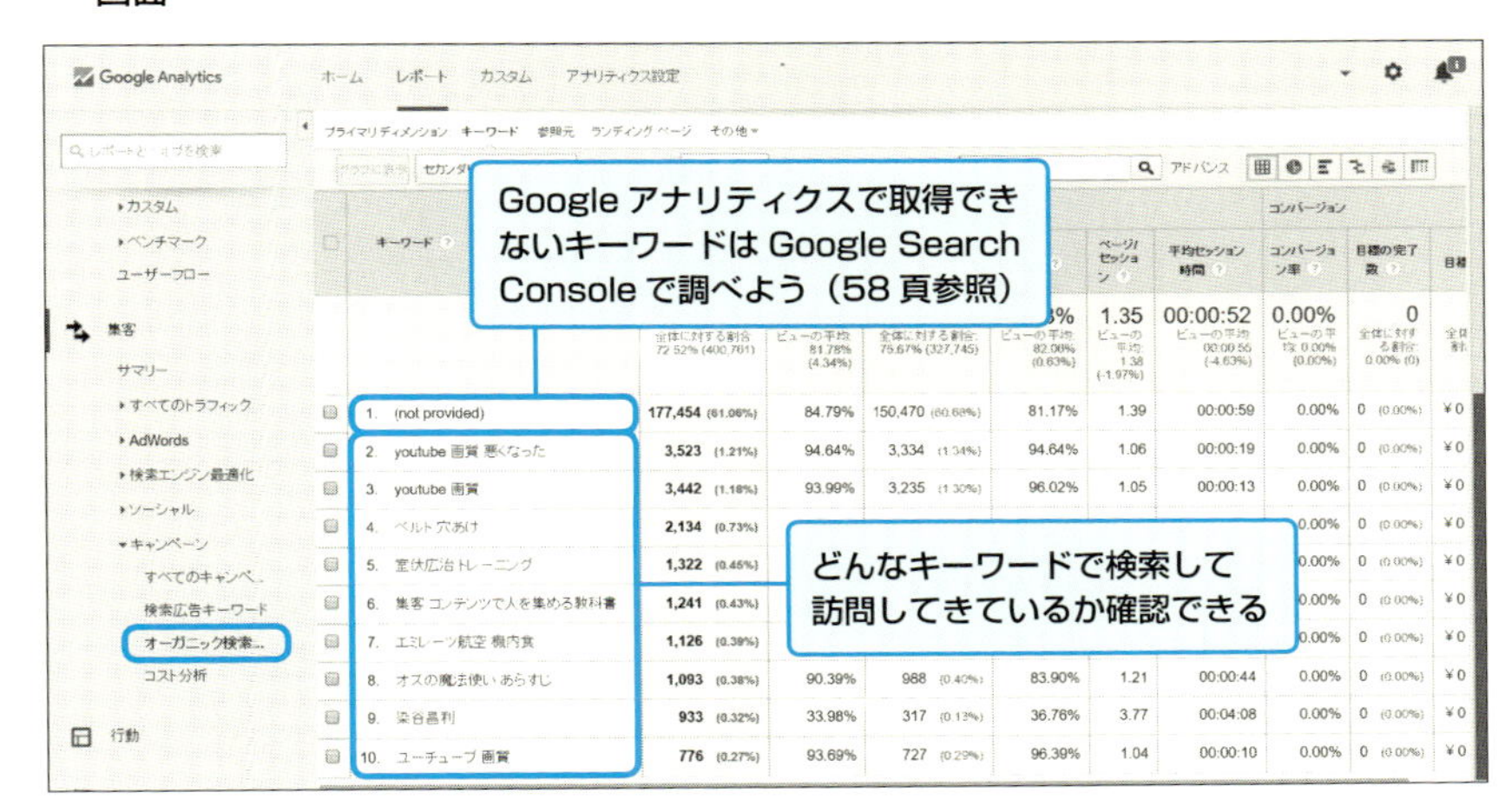

③ 行動∨サイトコンテンツ∨すべてのページ

「あなたのブログの中で、人気のある記事を把握」できます。アクセス数の多い記事の中で関連記事を紹介したり、補足記事を掲載したりすることで、ページビューを伸ばすことができます。

また、人気のある記事と不人気な記事の内容を比較して、何が優れているのか、足りない要素は何かという相違点を見つけることも可能です。いいものはどんどん伸ばし、足りない要素は改善して、ブログ全体の底上げを図りましょう。

人気記事の下部に別記事の紹介を入れることで、ブログ内の回遊性を高めることもできます。ブログの回遊性が上がれば、全体的なアクセス数の増加にもつながります。

● Google アナリティクスの行動＞サイトコンテンツ＞すべてのページ画面

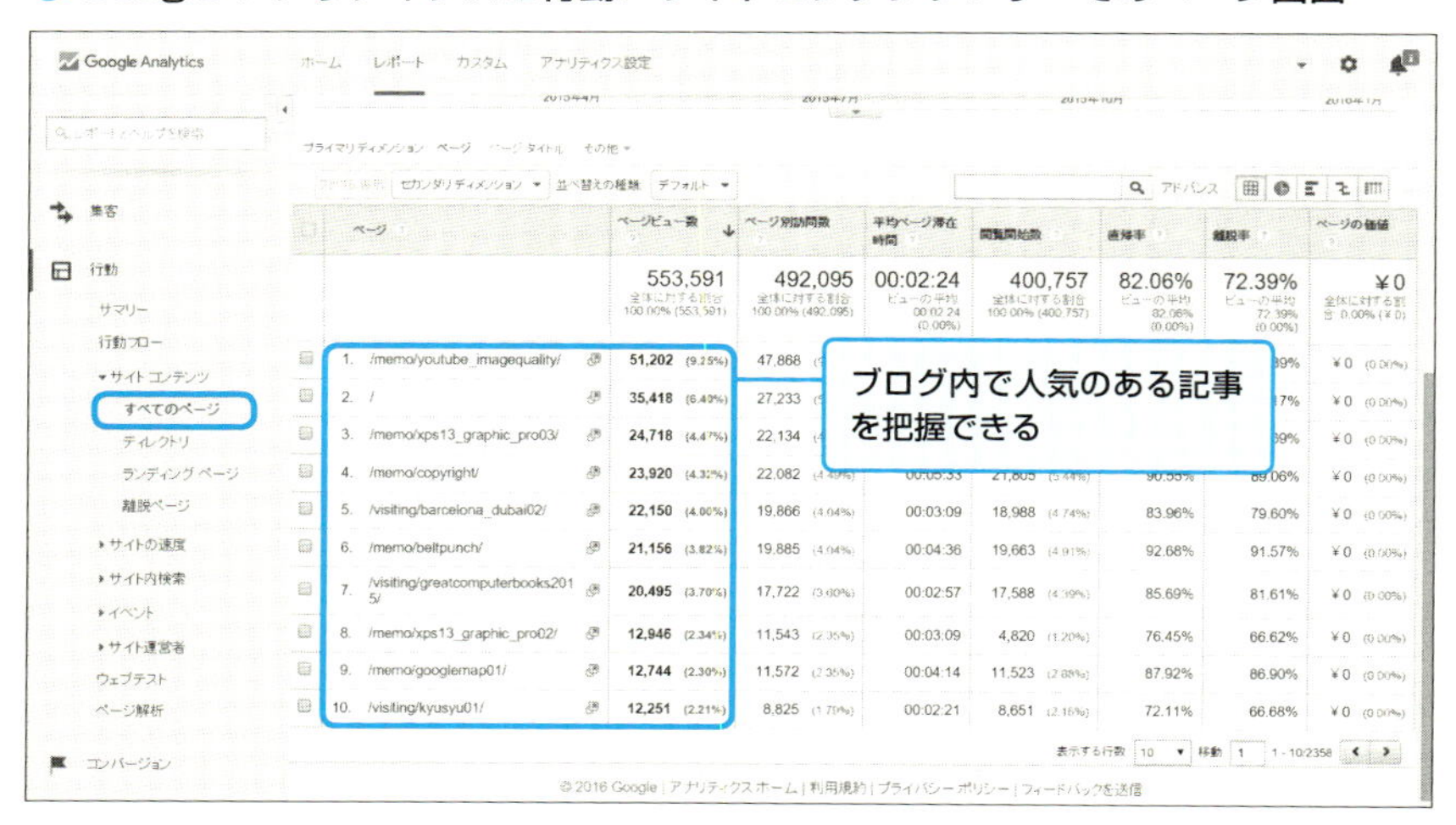

❹ 集客＞すべてのトラフィック＞参照元／メディア

「あなたのブログへの流入経路を知る」ことができます。アクセスが検索エンジン経由なのか、**Twitter**や**Facebook**などのSNS経由なのか、**NAVER**まとめなどのキュレーションメディアなのか、それとも誰かのウェブサイトやブログのリンク経由なのかを把握することができます。自分のブログの読者がどこからやってくるのかを認識しておけば、記事の内容やタイトルのつけ方などを工夫できます。

「SNSからの流入が少ないのであれば、興味を引くようなタイトルをつけたり、アイキャッチになる写真を再考してみる」といいでしょう。**「検索エンジンからの流入が少ない場合は、検索エンジンに表示させたいキーワードをタイトルの最初のほうに記載したり、文章に含まれるキーワードを増やしたりする」**ことを検討しましょう。

● Google アナリティクスの集客＞すべてのトラフィック＞参照元 / メディア画面

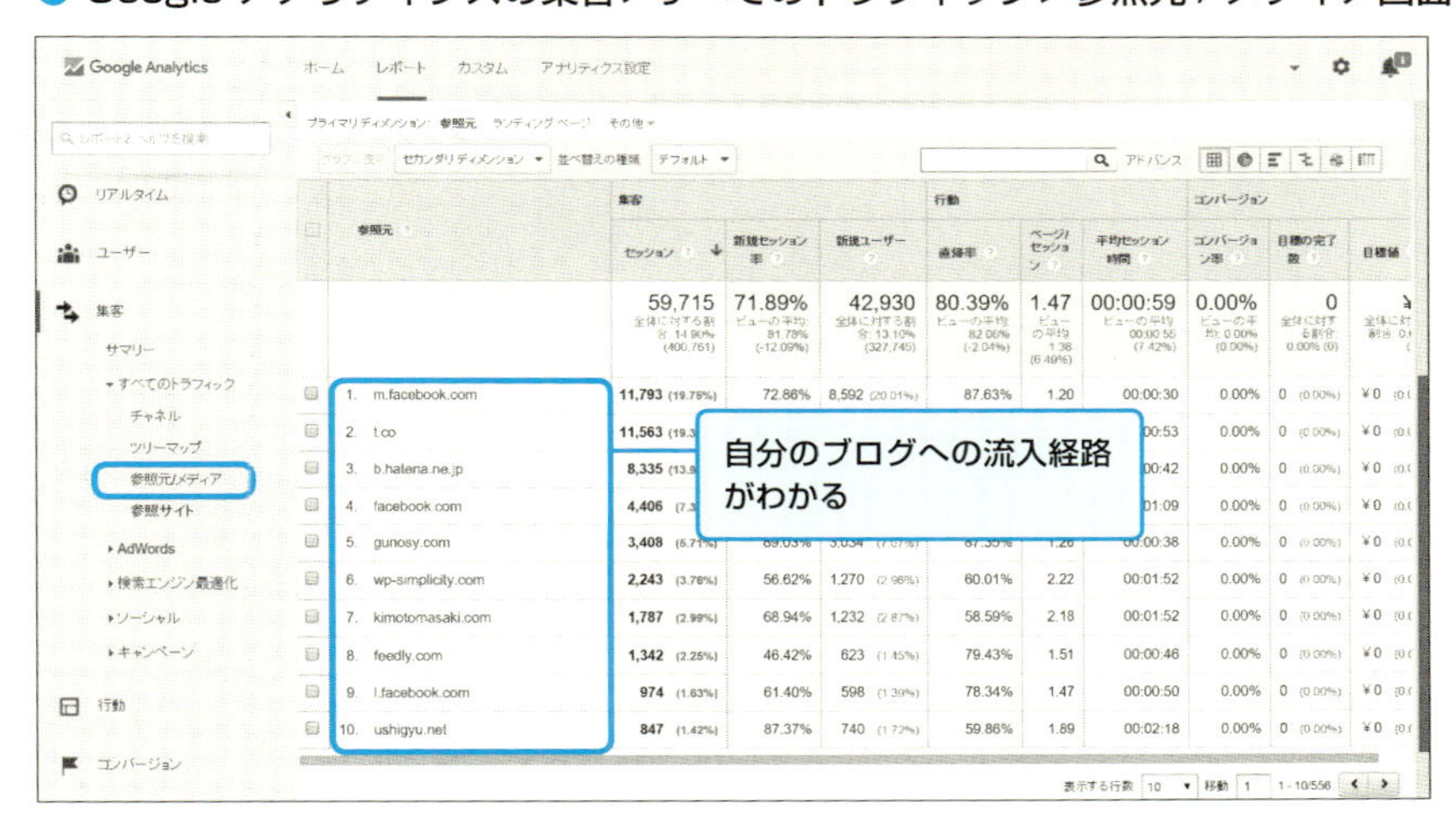

⑤ ユーザー＞モバイル＞サマリー

スマートフォンからウェブサイトに訪れる比率は年々上昇し、今後も上がり続けると予想されます。「**長文記事はページ分けするなど、スマートフォンからの閲覧のしやすさは必須項目**」になります。もし、現時点でスマートフォン対応していないのであれば、何よりも先に対応しましょう。

3 Google Search Consoleを活用する

現状では、**Google**検索の仕様変更のため、**Google**アナリティクスでは取得できない検索キーワードも増えています（**not provided**と表示されているのが検索キーワードを取得できていないユーザーのアクセスです）。そのために、**Google Search Console**の活用も重要になります。**Google Search Console**では、「**Google**

● Google アナリティクスのユーザー＞モバイル＞サマリー画面

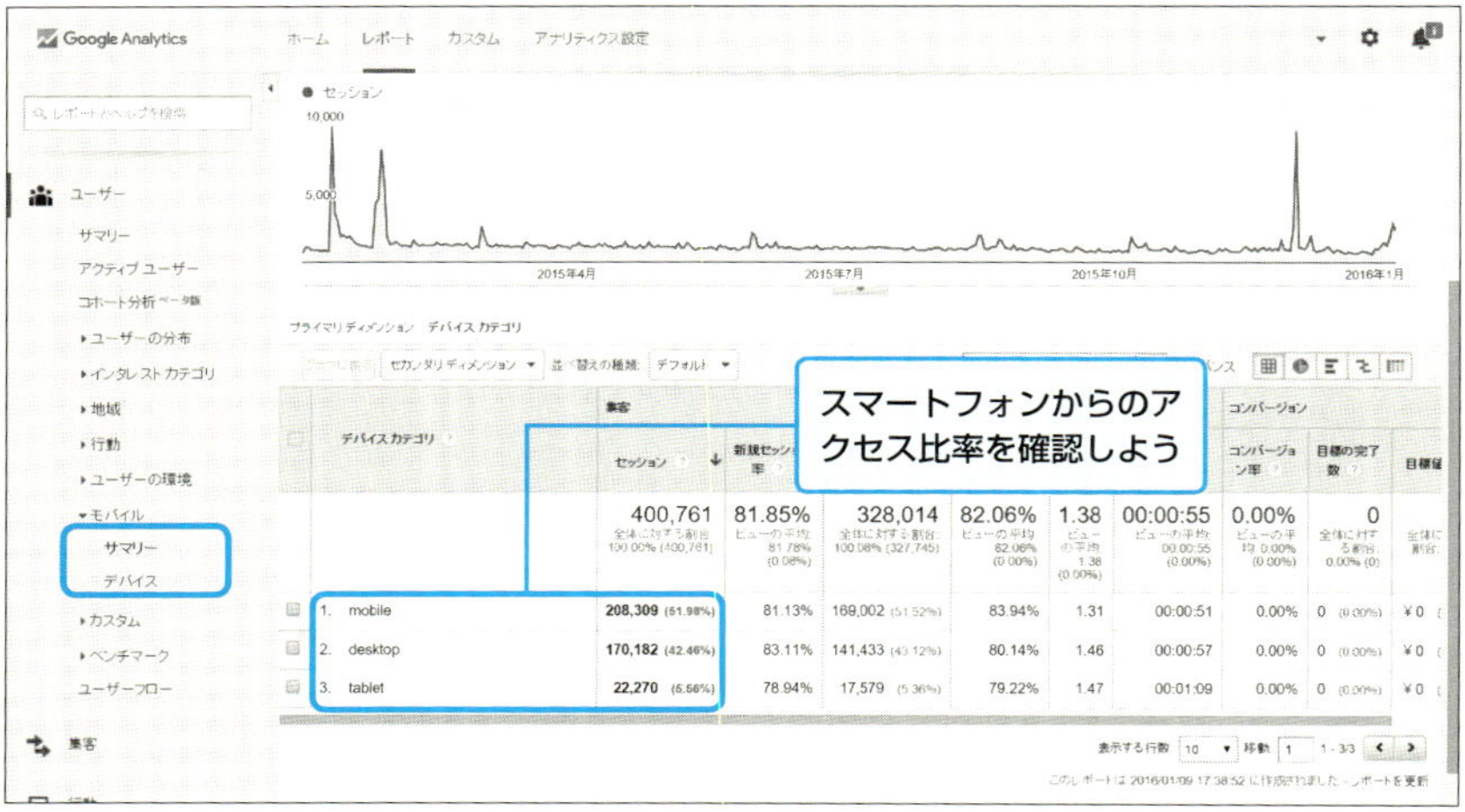

スマートフォンからのアクセス比率を確認しよう

デバイス カテゴリ	セッション	新規セッション率					コンバージョン率	目標の完了数	目標値
	400,761	81.85%	328,014	82.06%	1.38	00:00:55	0.00%	0	
1. mobile	208,309 (51.98%)	81.13%	169,002 (51.52%)	83.94%	1.31	00:00:51	0.00%	0 (0.00%)	¥0
2. desktop	170,182 (42.46%)	83.11%	141,433 (43.12%)	80.14%	1.46	00:00:57	0.00%	0 (0.00%)	¥0
3. tablet	22,270 (5.56%)	78.94%	17,579 (5.36%)	79.22%	1.47	00:01:09	0.00%	0 (0.00%)	¥0

アナリティクスでは取得できないキーワードや検索順位のデータ、手動ペナルティ（検索順位の下落）を受けていないかといった情報を確認」できます。

ほかにも、「更新した記事がGoogleに認識（インデックス）されているのか」「インデックスするためのクローラー（検索エンジンが情報収集するためのプログラム）のエラーは出ていないか」「スマートフォンでの使い勝手は悪くないか」「ウェブサイトのセキュリティに問題はないか（乗っ取られていないか）」などの情報も取得することができます。最初からすべてのデータを利用する必要はありませんが、自分の気になる情報はチェックしておきましょう。

アクセス解析のデータを検証することで、ブログ運営の道標となります。自分のブログの強みや足りない部分が認識できたら、強みをさらに強化する、あるいは足りない部分を補うといった施策を立てて行動に移しましょう。

ただ1点、忘れてはいけないことがあります。それ

● Google Search Consoleのトップ画面

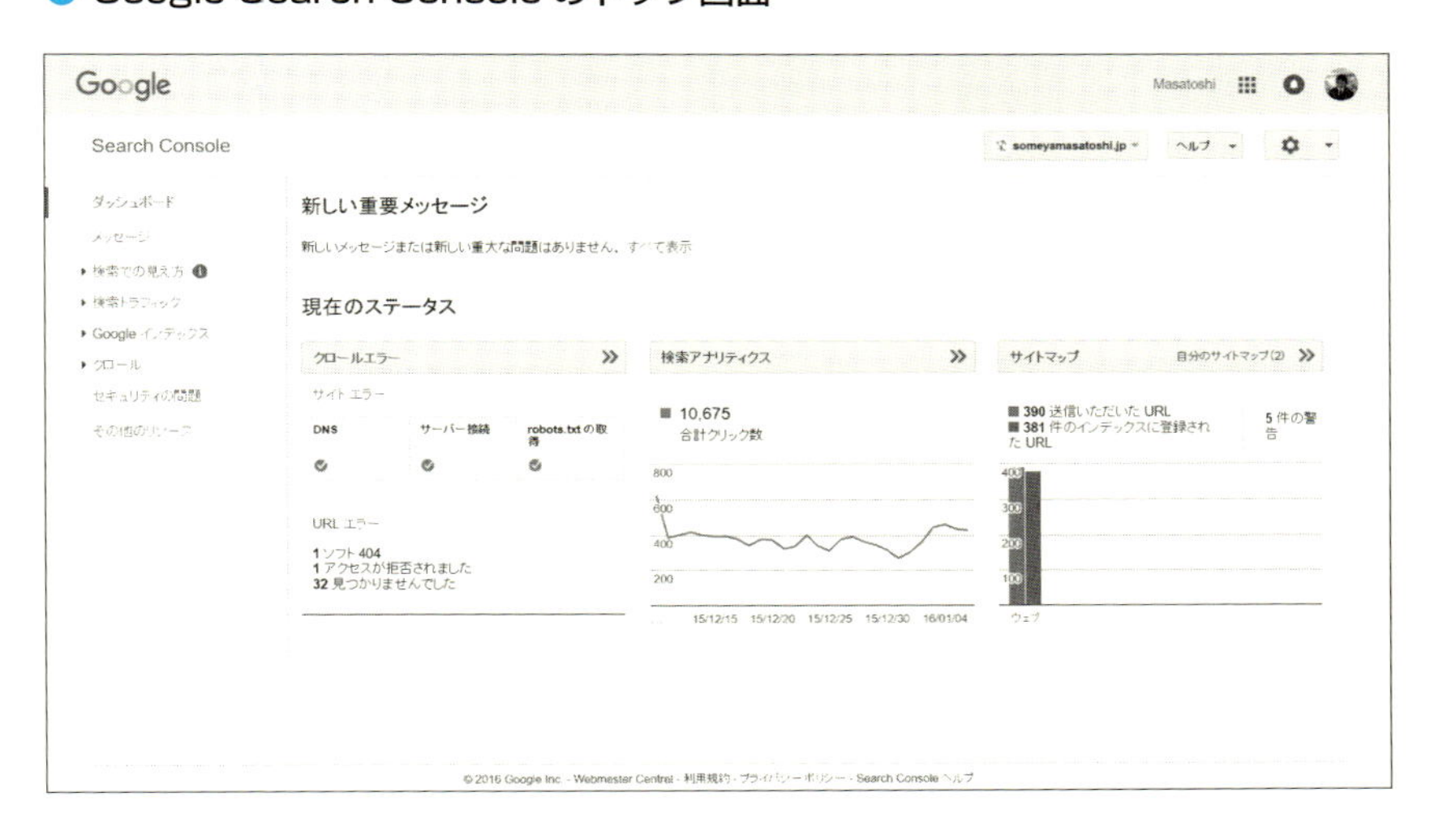

Google Search Console の検索トラフィック＞検索アナリティクス画面

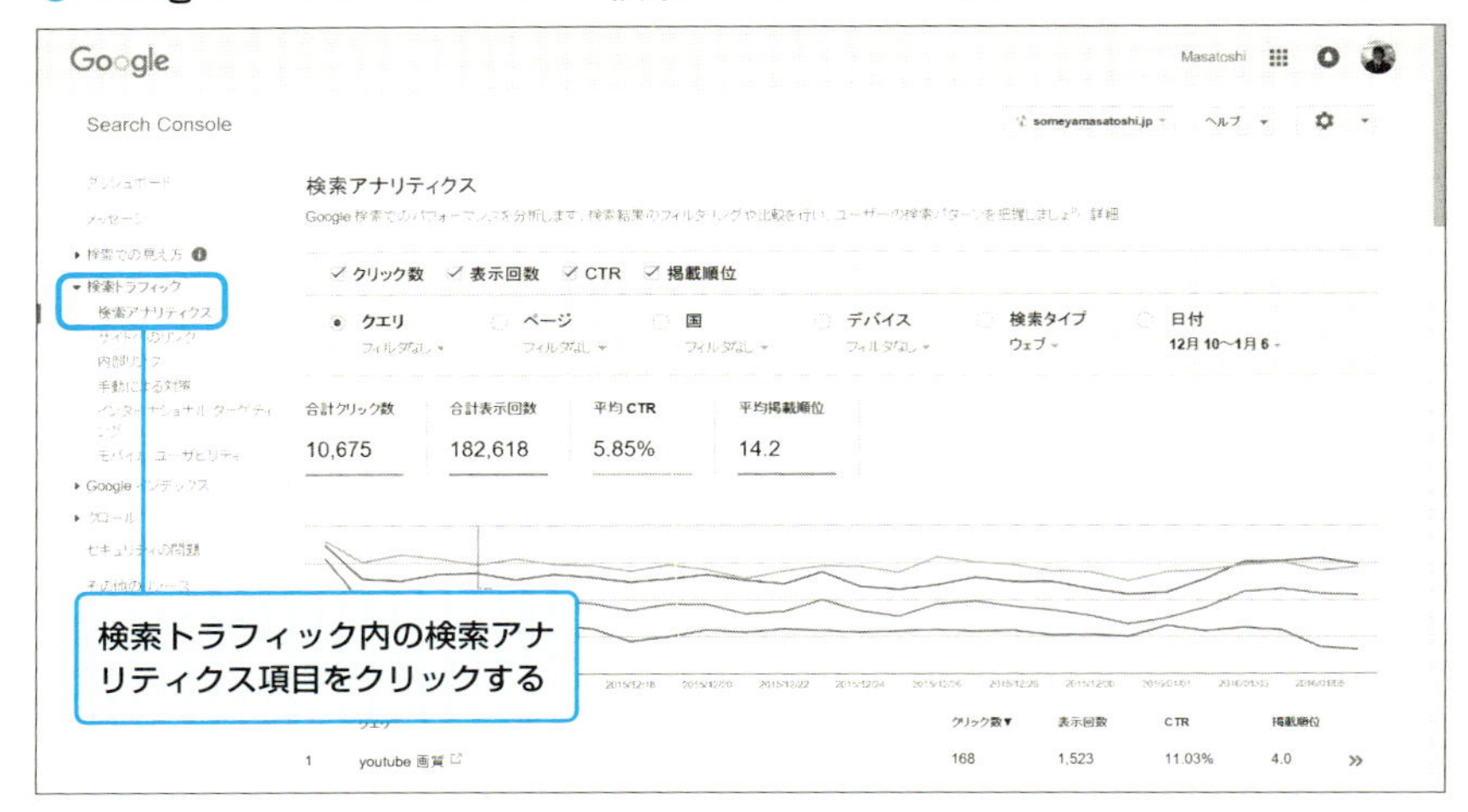

検索エンジンからブログへ流入してきた読者のデータを確認することができます。どのようなキーワードで検索されているのか、その検索結果から自分のブログに流入している件数／比率（CTR）はいくつか、そして、そのキーワードでの平均掲載順位はどのくらいなのかを把握しましょう。

項目を並び替えることができる

各項目をクリックすることで並び替えも可能です。このように、どのキーワードで上位表示されているのか、あなたのウェブサイトに訪問する比率が多いキーワードを知ることができます。これらのデータを分析し、読者に求められている情報は何か仮説を立てて、実行に移し、Google Search Consoleで検証してみましょう。

は、**「あなたのブログを読んでいるのは生きている人間だ」**ということです。アクセス解析に表示されている検索キーワードやアクセス数だけを気にするのではなく、**「ディスプレイの先にいる読者が何を求めているのかを探求することで施策が生まれてくる」**ので、データを分析して検証し、仮説を立てて実行に移すというルーチンを続けてください。

Google Search Console の検索トラフィック＞手動による対策画面

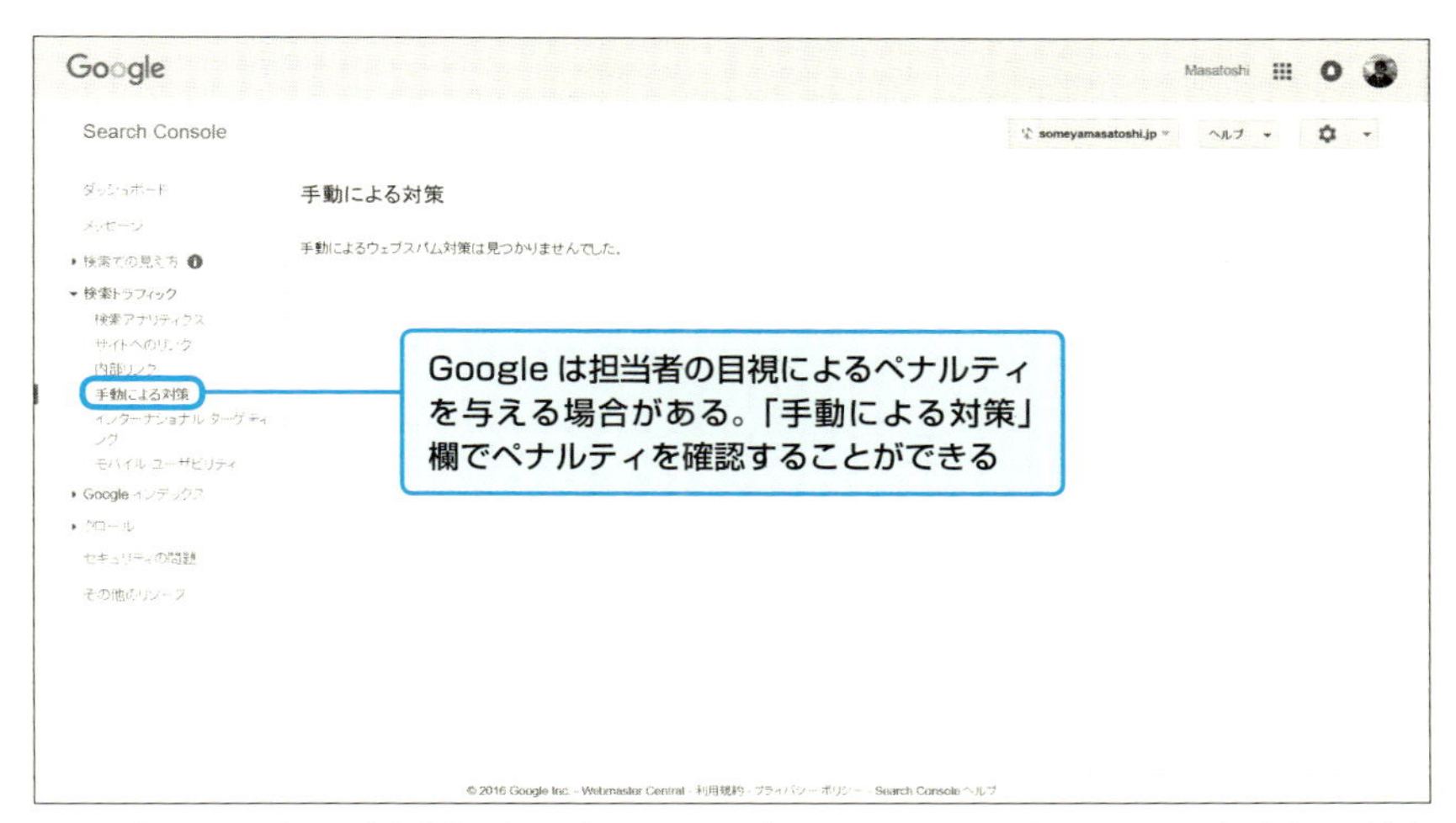

誤った検索エンジン最適化施策（SEO）をやりすぎると、Googleからペナルティを受けて、検索エンジンの下落につながる場合があります。普通にブログを運営をしていれば特に気にする項目ではないのですが、急に検索結果の順位が下がったなどの変化があった場合は、最近変更したSEO対策や、記事の書き方を変えていないかを見直しましょう。

07 ソーシャルネットワーキングサービス（SNS）を上手に活用しよう

現在、ブログのアクセスを集めるためには、検索エンジンとSNSの両方を活用することが求められます。**Twitter**や**Facebook**などのSNSからは、検索エンジンとは違った読者層を集めることができます。本項では具体的事例を交えて、SNSからの集客方法についてお話しします。

1 ブログ記事はエンジン、SNSはガソリン

最初に断っておきますが、SNSは魔法のツールではありません。もととなる記事のクオリティが高ければ多くのシェアを生むことができますが、内容が乏しければ何の効果も生み出しません。拡散力が弱いと感じたら、SNSの使い方の見直しだけでなく、公開している記事の内容が読者に求められているかどうかの検証もあわせて行いましょう。

自動車にたとえると、記事はエンジン、SNSはガソリンです。どちらも重要なことは間違いないのですが、出力の弱いエンジンを搭載している自動車にハイオクガソリンを入れても、最大

限のパワーを生み出すことはできません。エンジンの性能を高め、そこに最適な燃料を入れることが、最高のパフォーマンスを生むのです。

2 SNSで拡散されやすい投稿の傾向

ＳＮＳでシェアされやすい発信の方法はシンプルです。それは、次の３つです。

❶ 人の感情を揺さぶるようなタイトル
❷ 極端な内容
❸ アイキャッチとなる画像

❶ 人の感情を揺さぶるようなタイトル

まず、感情を揺さぶるようなタイトルというのは、「**感動**」「**笑い**」「**サプライズ**」といった、読み手の好奇心を刺激するようなフレーズです。タイトル内に読者の興味関心を引くような文言を入れておくと、クリックしてみようと思わせることができます。

「**〝喜〟や〝楽〟などの前向きな感情を揺さぶった場合にはポジティブな反応が、〝怒〟や〝哀〟などの後ろ向きな感情を揺さぶった場合はネガティブな反応が起こりがち**」です。

❷極端な内容

極端というのは、いわゆる尖った内容です。「**よくも悪くも議論を生み出しそうな話題を投稿することで、その話題に同意できる人とできない人との議論を促す手法**」です。たとえば、ブームになっている状況に反対意見を持って果敢に切り込みにいったりする行為ですね。ただこの方法は心の強さが求められるので、時折スパイス的に使うのであればいいかもしれませんが、「**ブログをはじめたばかりの人が使うのはあまりお勧めできません**」。

また、本文よりも過度に誇張した表現をタイトルにすると、記事の内容が読者の期待にそぐわなかったとき、ネガティブな感情を呼び起こすので注意しましょう。

❸アイキャッチとなる画像

SNSでの画像の力は驚くほど大きいものです。観光地の絶景ポイントをいくら言葉で説明しようとしても、その美しさの半分も伝わりません。でもたった1枚、写真を貼りつけておくだけで、その光景は表現できます。そして、その景色の美しさに感動した人たちが勝手に拡散してくれるのです。

ですから、「**貼りつける写真はなるべく感情を揺さぶるもの**」を「**ブログに表示されるアイキャッチ（サムネイル画像）も可能なかぎりインパクトのある写真**」が表示されるように工夫しましょう。どうしても内容的に文字しか使えないというのであれば、本文の内容を抽出したキャッチフレーズを作成し、そのフレーズを画像化して貼りつけましょう。心を揺さぶるフレーズが目に飛び込んでくれば、そのあとの文章も読んでくれる可能性が上がります。

3 いいバズと悪いバズ

ＳＮＳなどで話題になり拡散されていく現象を、バズ（バズが生まれる、バズった）といいます。いいバズは、あなたの公開した情報が起点となってポジティブなシェアが連鎖的に発生したり、問題提起となって前向きな議論を生み出すことです。逆に悪いバズは、いわゆる炎上と呼ばれ、ネガティブな印象しか与えません（５時限目２６４頁参照）。

4 自分自身が人気者になることでＳＮＳのパワーを高める

先ほど、記事のクオリティによってシェアの量は変わってくるとお話ししましたが、「**自分自身のＳＮＳの中での影響力を高めることで記事を効果的に拡散することも可能**」です。**Facebook**でも**Twitter**でも発言が面白く目立つ人、役に立つ情報をシェアしてくれる人、最新情報を伝えてくれる人などには数多くのフォロワーが生まれます。**Facebook**や**Twitter**の投稿であれば、ブログほどの情報量は必要ありません。とはいえ、人気のアカウントに育てたい場合は1日数投稿は必要になるので、自分の性格にあったやり方を選択しましょう。

08 Facebook・Twitter・Instagram・はてなブックマークの違い

1 Facebook

Facebookの大きな特徴として、「**実名制SNS**」という点が挙げられます。これは実社会の友人／知人ネットワークをインターネット上に再現し、交流を促進させるという意図の現れでもあります。

Facebookの情報はあなたの歴史です。プロフィールには学歴や職歴、趣味・嗜好、居住歴や交友関係、そして自己紹介欄があり、簡単な履歴書のような形式になっています。そしてタイムラインには、あなたがそのとき体験したこと、考えたことを記録していくことができます。だからこそ、あなた自身のキャラクターが重要になってくるのです。

自分自身をアピールしたいのであれば、自分の得意分野にフォーカスした投稿を心がけるべきです。サッカーが好きならサッカーの情報を多めに載せてみるといいでしょう。グルメ研究家なのであれば、美味しいレストランや簡単レシピをシェアしてもいいでしょう。あなたがどのような考え方を持って成長してきたかを上手に開示していくことで、あなたに関心がある人が集まってきます。

そしてもうひとつの特徴として、1度出会った人との人間関係の維持、あるいは交流を活発化させる使用法があります。勉強会で意気投合した人と名刺交換をしても、現実社会ではその後交流が続くことは多くありません。ただ、**Facebook**で友人としてつながっておくことによって、自分のタイムラインにその人の情報が流れてくるようになります。その投稿が面白いと思えば「いいね！」を押したり、コメントしたりすることでコミュニケーションを取ることができます。

不思議なことに人間は、接触頻度が上がる、つまり「**その人と会う回数が多いほど好感度が上がる**」といわれています（心理学者ザイアンスの「単純接触の法則」）。現実社会では実際に何度も会うことは時間的にも距離的にも制約があるので難しいですが、「**Facebookではタイムラインにその人の動きが流れてくるので、擬似的に交流している感覚になりやすい**」のです。クラス会など

で旧友に会ったときも同様です。その場かぎりの出会いではなく、インターネットというバーチャル上の世界でも、交流を深めることは十分可能なのです。この交流を促進させるという役割が、**Facebook**の大きなメリットとなっています。

2 Twitter

Twitterとは、140文字以内の短文の投稿をリアルタイムに共有するウェブサービスです。

Twitterの大きな特徴として、リツイート（RT）があります。リツイートとは、ほかのユーザーの投稿をそのまま自分のフォロワーに向けて再投稿することで、ひとつのツイートを広く拡散することができる機能です。このリツイート機能をうまく活用することにより、ひとつの情報を多くの人に拡散することも可能になってきます。

具体的に数値を挙げて説明します。あなたのフォロワーが100人いたとすると、まず、あなたのつぶやきが100人のフォロワーのタイムラインに表示されます。その100人のフォ

Twitterは短文で自分の考えをつぶやいても、おもしろい記事をシェアしても、写真を投稿をしてもかまいません。最初のうちはとにかくこまめにつぶやいてみましょう。

ロワーの中で、あなたのつぶやきが面白い（共有したい）と思った人が、リツイートをするわけです。もし、リツイートしてくれた人のフォロワーが３００人いれば、あなたのつぶやきはその３００人にさらに拡散されます。もし１０００人のフォロワーを持つ人がリツイートしてくれれば、１万人のフォロワーを持つ人がリツイートしてくれれば、さらに多くの人にあなたのつぶやきが読まれることになります。

ただし、Twitterはリアルタイム感が肝となるサービスなので、つぶやくタイミングによって閲覧される数値が大きく変わってきます。**「あなたの投稿が最大のパフォーマンスを生み出すタイミングを図りながら効果的につぶやくことが、多くのシェアを生み出す秘訣」**になります。

3 はてなブックマーク

厳密にいうと、「はてなブックマーク」はソーシャルネットワーキングサービスではなく、インターネット上の有益な記事をブックマークという行為で共有しあう、ソーシャルブックマークサービスとなります。

はてなブックマークとは、各パソコンのインターネットブラウザに保存するブックマーク（お気に入り）をウェブ上で保存・共有することができる、老舗のオンラインブックマークサービスです。オンラインブックマークサービスを利用することによって、会社や学校、友人の家など、自分のパソコン以外の場所でもインターネットに接続さえできれば、同様のブックマーク環境を再現することが可能なのです。

そして、ソーシャルブックマークサービスとは、その個人個人のブックマークを共有しあうしくみで、第三者に人気のある記事や、ほかのユーザーがお勧めしている記事を知ることができるシステムです。この共有のしくみによって、今まで読むことがなかったようなジャンルの記事をキャッチすることも可能となっています。

言い換えると「**検索エンジンやSNS頼りだったものを、人の口コミという要素を使って集客することを可能にしたシステム**」です。ブックマークが多い記事は、はてなブックマークの新着エントリーや人気エントリーに掲載されます。はてなブックマークのホームページ自体、巨大なアクセスを持っていますから、そこに掲載されることによって大きなアクセスの流入が見込めます。その情報をもとに訪問してくれた人があなたの記事に共感し、ブックマーク（共有）してくれることで、さらなる訪問者を呼び込むことができるわけです。

特に、はてなブックマークのホームページトップに掲載される記事はホットエントリー（ホッテントリ）と呼ばれ、大きなアクセスの流入が見込めます。とはいえ、自分だけでホットエントリーにすることはできないので、あなた自身ができることは、人の役に立つ記事を書いて、読んでくれた人がブックマークしてくれることを祈るだけです。でもその運を引き寄せるには記事が面白いということが大前提となるので、日々良質な記事を書いて読者の心をしっかりとつかんでおきましょう。

4 Instagram

Instagram（インスタグラム）とは、スマートフォンで撮影した写真を共有できるSNSのひとつです。**iPhone**や**Android**スマートフォンで**Instagram**アプリをインストールすると、スムーズに利用できます。２０１５年９月現在で全世界で４億人を超えるユーザーがいると発表されていて、今急成長しているツールです。

Instagramは「**写真によって商品やサービス、景観の魅力を伝えるには最適なプラットフォーム**」となっており、PR活動における重要なツールとなっています。**Instagram**から直接的に収益化することはできませんが、自分の提供する商品を紹介したり、コメント欄でブログに誘導したりすることで集客を増やし、間接的にアクセス数の増加や収益につなげることが可能です。

● Instagram
（https://www.instagram.com）

● はてなブックマーク
（http://b.hatena.ne.jp）

09 ブログから収益を得るしくみを学ぼう

ブログを運営するモチベーションは人それぞれですが、ひとつの要素としてお金を稼げる可能性があるという点が挙げられます。詳細については4時限目でお話ししますが、好きなブログを運営して、収益が発生したらうれしいですよね。本項では、ブログを通じた代表的な収益化方法3つの概要をお話しします。

1 Google AdSense

Google AdSense（グーグル・アドセンス）とは、**Google**社が提供・運営するクリック保証型（**Pay Per Click**型）のインターネット広告サービスで、ブログ運営者は**Google**に使用申請し承認されることで利用できるシステムです。

アドセンスプログラムの広告コードを自分のブログに貼りつけると、あなたのブログの記事（コンテンツ）を読み込み、記事のテーマに最適化された広告が自動的に配信されます。たとえば、旅行のブログにアドセンスを掲載すると、観光地の情報やホテルなど、ブログの内容に近い広告が自動的に配信されます。スマートフォンの解説ブログにアドセンスを掲載すると、アプリや携帯電話などの広告が配信されやすくなります。そして、**「ブログの訪問者がアドセンス広告をクリックすることにより、ブログ運営者に報酬が発生するしくみ」**になっています。

また最近では、インタレストベース広告（興味関心連動型広告）も導入されています。インタレストベース広告とは、訪問者のブラウザに蓄積されたデータから過去の閲覧履歴や検索キーワードなどを解析して、興味や関心を持っていると思われる商品・サービスの広告を配信するシステムです。

2 アフィリエイト

アフィリエイト（**affiliate**）とは、日本語に翻訳すると「加入する、提携する」という意味を持つ、インターネット広告の一種です。**「商品を提供する広告主（ECサイト・オンラインショップ）と、商品を紹介するブログ運営者とを提携させ、商品が売れた際に一定額（一定率）の成果報酬を支払う」**しくみです。そのため、成功報酬型広告とも呼ばれています。

広告主は販売コストを抑えながら商品やサービスの積極的な展開が可能で、ブログ運営者は自分の好きな商品を、在庫リスクの心配なく紹介することができます。そして商品が売れた際に、ブログ運営者は指定額の報酬を受け取ることができ、広告主は商品の売上が確定してから報酬を支払うという、低リスクでの運営が可能になります。

3 KDPを中心とした電子書籍

ＫＤＰ（キンドル・ダイレクト・パブリッシング）とは、**Amazon**社が提供する電子書籍出版サービスで、誰でも簡単に電子書籍を出版できるサービスです。

ＫＤＰでつくられた電子書籍は、同じく**Amazon**が提供している**Kindle**という電子書籍リーダー端末で読むことができ、「**Amazonの中にあるKindleストアでその電子書籍を発売する**」ことも可能です。今まで書いた自分のブログ記事をまとめて再編集して販売することもできますし、すべて書き下ろしで電子書籍化することも可能です。**AdSense**やアフィリエイトといった広告収入スタイルではなく、自分の文章力と販売力で収益をあげることができるしくみで、これからさらに拡大していくジャンルだと思われます。

なお、２時限目でお話しする「わかったブログ」のかん吉さんは、ＫＤＰを上手に活用してベストセラーを連発しています。

2時限目
先輩ブロガーの成功パターンを学ぼう

01 自分の好きなことや経験を世の中にシェアすることで成果につながる「おまスキャ」

1 「おまスキャ」について（牛嶋将太郎）

2010年7月から運営している「おまスキャ」。もともと、自炊（書籍や雑誌の電子化）のノウハウを書いたブログとしてはじまったのですが、その際にいいタイトルはないかと考え、好きなマンガである「ジョジョの奇妙な冒険」の某名ゼリフをオマージュし、「おまえは今までスキャンした本の冊数をおぼえているのか？」としました。その後、覚えやすいように略称とした「おまスキャ」を正式名称としています。

自分があたりまえにしていることを公開する

ブログをはじめたきっかけは、たまたま有名なブログを運営していた当時の上司と元同僚に勧められて何となく、というものでした。私はその当時、ビジネス書や技術書、コミックなどを

500冊以上電子化しており、「そこまでの冊数を自炊している人はいないから、そのノウハウを書いたらいいよ」と勧められました。最初は特に目的もなくはじめたブログでしたが、自分自身の備忘録として、また仕事では出会えない方々とつながるきっかけとして、次第に自分の中で占めるウエイトが大きくなっていき、今に至ります。

ブログ運営を開始した当初は自炊のノウハウのみを書いていましたが、今は自分が世の中に広めたい、面白いと思ったものを何でも書くブログになっています。

2 ブログ運営で気をつけていること

何事にもバランスを取る

「炎上させない（無意味に煽らない）こと」と**「読者に対して誠実であること」**を意識しています。強い主張や他者の批判はなるべく避け、できるだけ公平に、何らかの主張をする際も両論を併記し、バランスの取れた情報を発信することを

● おまスキャ（http://ushigyu.net/）

心がけています。人それぞれ考え方や生き方は違いますから、それを間違っていると批判する、あるいは自説が絶対に正しいと声高に主張するような文章は、無意味に人を不快にしたうえに批判が自分に跳ね返ってきます。

短期的なバズ獲得のためには有効という説もありますが、その代わりに消耗しますし、長く続けるためには避けるべきだと私は考えています。たとえば製品の比較記事を掲載する際には、両方の製品に利用者やファンがいることを考慮し、なるべく双方のいい点、イマイチな点をそれぞれ挙げ、あとは読者にゆだねるような書き方をすることが多いです。

私はよく取材も兼ねて旅行に出かけるのですが、「**観光スポット・ご当地グルメ・交通手段といった旅先で得た多くの経験や知識を伝わりやすく文章化することが、趣味と仕事を兼ねたライフワーク**」となりつつあります。記事を読んでくれた人にその地域に少しでも興味を持ってもらえたとしたら、これ以上の喜びはありません。

ブログを書くときに気をつけること 1

- 人の意見をあからさまに批判しない
- 自分の意見が正しいと声高に主張しない
- 無意味に人を不快にすると、批判が自分に跳ね返ってくる

3 ブログをはじめて、実社会での変化

独立、そして憧れの代表取締役へ

ブログのおかげで7年間勤めた会社を退職、独立し、以前から戻りたかった福岡に移住したので、環境は激変しました。

ブログをはじめてからというもの、会社の経営者、**iPhone**アプリ開発者、ブログで生計を立てている人など、さまざまな職業の人に会うことができました。そういった交流の中で思ったのは、**「いいものをつくったり広めたりすることを、組織ではなく個人としてやりたい」**ということです。

もちろん、会社に所属しながら空いた時間でブログを書いたりアプリ開発の勉強をしたりして、軌道に乗ってから独立するというのが堅実な考え方でしょう。それはわかっていたのですが、早く自分のやりたいことにすべての時間を使ってみたくなったのでしかたありません。ただ、当時のブログからの収入は生活できるほどではなかったので、今考えると相当リスキーだったと思いますし、人に勧められるものではありませんが。

２０１５年8月には、「代表取締役社長」と名乗ってみたくて、株式会社エコーズを設立しました。まさか自分の会社を設立するなんて、ブログ開設当初には夢にも思わなかったことです。

4 ブログから収入を得る方法

私は**Google AdSense**とアフィリエイトの広告収入をメインにしています。裁断機やスキャナーを使う自炊は**Amazon**アソシエイトと相性がいいですし、旅行・観光のジャンルでは格安航空券やホテル予約のアフィリエイトプログラムを利用できます。「**自分が便利だと思った製品やサービスの〝どこをいいと思ったか〟というポイントを押さえて説明することができれば、使いたいと共感してくれる読者はきっと生まれてくる**」はずです。

気に入ったものであれば収益に関係なく何でも紹介するため、アフィリエイトプログラムが存在しないジャンルもありますが、**Google AdSense**であれば自動的に最適な広告が配信されるので、そういった記事でもいくらかは収益化できるのはありがたいところです。

私は筆が早いほうではないので、「**流行り廃りの少ない情報を丁寧に発信し、時間が経っても継続して読まれやすい文章を書く**」ことを心がけています。そういった記事の積みあげが資産となり、

ブログから収入を得るコツ 1

- 自分が便利だと思った製品やサービスのどこがいいと思ったかポイントを押さえて書く
- 流行り廃りのない情報を丁寧に発信する
- 時間が経っても継続して読まれやすい文章を書く

ある程度安定した収益をもたらしてくれるのです。

5 これからブログをはじめたい人に向けてのメッセージ

自由に、好きなことを！

「ブログ飯を目指す！」と気あいを入れてブログを書くのもいいですが、成果が出る前に電池が切れてフェードアウトしてしまう人をよく見かけます。お金を稼ぐことだけにフォーカスしてしまうとモチベーションを保ちにくいですし、それならむしろ収益を得ることに特化したアフィリエイトサイトをつくったほうがいい、というのが私の考えです。ブログのメリットは、ジャンルにとらわれず自由に発信できるところ。であるならば、**「自分が熱量を持って語れる好きなこと、人に知ってほしいことを書いていくほうが読者にも伝わりやすいですし、結果的に成果も出る」**のではないかと思います。

ブログは短期的に成果を出すのは難しいですが、工夫しながら続けることでPV、収益、読者が少しずつ積みあがっていきますし、思わぬところで面白い人や仕事とつながったりするのが楽しいメディアです。**「忙しくて更新頻度が落ちたとしても、やめずに続けることが大事」**です。そのうち、思いもかけないいいことがあるかもしれませんよ！

02 1番のファンは自分であれ！ 情熱を持って継続すれば、結果はついてくる「gori.me」

1 「gori.me（ゴリミー）」について（g.O.R.i：草刈和人）

「**gori.me**（ゴリミー）」は、**Apple**に関する最新情報を中心に、テクノロジーやガジェットに関するニュースや商品レビューをメインテーマとした個人運営のブログメディアとして、２００９年８月にスタートしました。月間アクセス数は平均３００万ＰＶで、過去最高アクセス数は４１５万ＰＶです。

基本的に、「**自分で興味があり、周りにその情報を伝えたいかどうか**」という判断基準で執筆しています。テクノロジー系以外にもグルメや旅行記、話題のエンタメ情報なども掲載しています。

時おり、「自分以外、誰も興味ない」という極めてニッチな情報を発信することもありますが、「**誰かのアンテナに引っ掛かってくれたらラッキー**」と思うようにしています。

最初から私ひとりで、記事作成からデザイン、広告管理まで含めて運営しており、２００９年から2014年までは会社員との両立で、2014年6月に独立し現在はブログだけで生計を立てています。ブログメディア名の由来も日本全国にいる「ゴリ」というあだ名を持つ人の頂点に立つべく、「**gori**（は）**me**（だ！）」という意味を込めて「**gori.me**」としています。

すべては自分の好きなことから

実は小学1年生のころから日記をつけていたので、文章を書くこと自体は好きでした。高校時代は「はてなダイアリー」というサービスで文章を、大学生のころは**mixi**日記や、**GREE**日記を書いていましたが、どこかで物足りなさを感じていました。あるとき、大学の研究室の勉強会に参加していたITジャーナリストの松村太郎氏が、自身のウェブサイトで発信していることに衝撃を受け、自分も独自ドメインで再チャレンジしてみることにしました。

もともと携帯電話が大好きで、携帯電話のカタログを家電量販店でもらって、家に持ち帰ってひたすら読んでいました。私がブログを開始した2009年は**iPhone**が日本に上陸した

● gori.me（http://gori.me）

直後で、私は「これからは**iPhone**の時代だ」という気持ちでしたが、国内における理解度はまだまだ低く、受け入れがたい空気が漂っていました。当時働いていたモバイルコンテンツの運営・制作の会社でも関心度は低く、このままでは会社にとってもよくないと思い、趣味として「**gori.me**」を始動しました。ブログで**iPhone**の最新動向や使い方について書くようになり、会社内でも**Apple**関連情報のご意見番としての立場を手に入れました。

2 ブログ運営で気をつけていること

ブログは自分の分身

「**自分がされたくないことはしない**」ことと、「**読み手に不愉快な思いをさせない**」ことに気をつけて運営しています。ただ、人によって受け取り方が異なり、些細な表現で腹を立てる人もいます。そういうときはしっかりと対話をし、今後のために役立てるように心がけています。

「炎上はアクセスアップの戦略だ」と断言する人もいますが、

ブログを書くときに気をつけること 2

- 自分がされたくないことはしない
- 読み手に不愉快な思いをさせない

⇒人に愛され、尊敬され、目標となるメディアを目指す

「人の批判や誹謗中傷など、ネガティブなパワーでアクセス数や収益を得ることにはまったく魅力を感じません」。「**gori.me**」はインターネットにおける私の分身のようなもので、人に愛され、尊敬され、目標となるメディアを目指していきたいと思っています。

また何よりも、**「自分が読みたいと思える文章を書く」**ことを心がけています。文章を書いて生計を立てている人間がいう言葉ではないかもしれませんが、私は活字があまり得意ではありません。長い文章を読むのも苦手ですし、極力読みたくありません。だからこそ、そういう人でも読みたくなる文章を書きたいと思っています。**「写真を多用し、文章も硬すぎず、少し真面目でおしゃべりな物知りの友だちがべらべら話しているような文体をイメージ」**して書いています。

3 ブログをはじめて実社会での変化

新しい友だち、そして結婚

「**gori.me**」をはじめていなかったら、今こうして独立して生計を立てることもできませんでした。何よりも私は、「**gori.me**」があったからこそ、結婚することができました。6年間ブログを書き続けていたら、生涯の伴侶に巡りあうことができたのです（**http://gori.me/blog/83117**）。

会社勤めだけでは発生しなかったであろう新しい出会いも増えました。インターネットで知りあった友だちが現実社会でも友だちになり、交友関係が広がったと思います。この本の著者である染谷氏とも、ブログを書いていなかったら出会うことはありませんでした。

そして独立してから大きく変わったのは、レビュー記事に対する力の入れ方です。もともと商品レビューを書くことが大好きで、一眼レフカメラを購入したのも美しい商品レビュー写真を撮りたいという思いからです。「**ブログで生計を立てている人のレビュー記事はここまでやっている**」ということをしっかりと示すために、力を入れて書いています。

4 ブログから収入を得る方法

何よりも、自分のブログが好きだという気持ち

ブログから収入を得ることができるようになったのは、そもそも私自身が「**gori.me**」が大好きで、誰よりも熱烈なファンで、誰よりも更新を楽しみにしているからだと思います。

収入ありきでブログを書こうとする人は、長続きしません。そもそも、儲けるためにブログを書いていて楽しいのだろうかと疑問に思います。収入を得たいのであれば、根底にあるべきなのは「誰かのために役立ちたい」という思想です。「**自分が使って、最高に気に入ったものを全力で勧めれば、必然的にお金はついてきます**」。間違っても、儲け第一主義で役に立たない商品や商材を紹介するのはやめましょう。人を騙して手に入れるお金なんて、ゴミ同然です。

「**広告は、スマートフォンでタップされやすい場所に、リンクやバナーを配置することが基本**」

となります。ここで大事なのは、誤ってタップされるような場所を選ぶのではなく、本人が自ら意思を持ってタップしやすいように工夫することです。「**商品リンクは、本文を読み終わったあとに配置すると効果的**」です。

5 これからブログをはじめたい人に向けてのメッセージ

みなさんは、ブログを何のためにはじめるのでしょうか。誰かに伝えたい熱い気持ちを文章という形で、インターネットという広大な海で大声で叫ぶことができる、それがブログです。「**ブログのアクセス数や影響力は、そのメッセージの強さと同意**」です。鍛えれば鍛えるほど声は大きくなり、広い海を渡って多くの人に届くようになります。ただ、一朝一夕で変わるものではなく、毎日コツコツと続けることが重要です。そう、「**ブログを成功させるコツ、それは〝継続力〟にほかなりません**」。

自分の熱意を持って楽しく発信し続ければ、結果はついてくるはずです。ぜひ楽しいブログ生活を！

ブログから収入を得るコツ②

- 自分が使って、最高に気に入ったものを全力で勧める
- 広告のリンクやバナーはスマートフォンでタップしやすい場所に配置する

03

ブログを継続することで大好きな映画業界の仕事を引き寄せた「Cinema A La Carte」

1 「Cinema A La Carte」について（柳下修平）

「**Cinema A La Carte**」は、映画の紹介やコラムを中心としたブログです。**A La Carte**という名前が示すとおり、「アラカルト＝一品料理」の意味で、単発記事で映画の魅力を伝えるようにしています。

「好きなこと」を「誰かの役に立つこと」へ

なぜブログをはじめたかというと、大学生のころに経済評論家の勝間和代さんが「ブログを書いてアウトプットする作業をするといい」と提唱されていたからです。当初のブログは、あくまでも日々起きていることを文章にまとめる、日記的なものでした。そのブログは更新をやめてしまったのですが、次にこの「**Cinema A La Carte**」の運営を開始しました。私は単純に映画が大好きで、毎日のように試写会や劇場で映画鑑賞しています。自分の見た映画の感想を書くことで、みなさんの映画鑑賞のお役に立てるのではないかと思い、開始したブログなのです。特に、楽しい映画を見ると「誰かに話したい！」という気持ちが強くなるので、その熱いテンションを文章にするスタンスで運営しています。たとえば、みなさんも自分の好きな漫画やアイドルのことを話しはじめたら止まらないですよね。そんなテンションです。

大好きな映画情報を発信していたら、次第にアクセスが増えてきました。少し前までは、映画に関する総合的な情報を配信するポータルサイトを目指していましたが、せっかくの個人ブログなので、大手映画祭や大手映画ブログ、エンタメメディアと差別化を図って個性を出していこうと、運営方針を変えました。特にこれから力を入れていきたいのは海外です。海外の映画情勢を、現地に出向いて発信していきたいと思っています。

● Cinema A La Carte（http://www.cinemawith-alc.com/）

2 ブログ運営で気をつけていること

とにかく「見てみたい」と思ってもらう

私は映画が大好きで、世の中に映画ファンをもっともっと増やしたいと思っています。だからこそ、どんな映画であっても「**Cinema A La Carte**」に訪れてくれた人に、「この映画見たい！」と思ってもらえるような記事を心がけています。正直いって、面白くない映画もあります。そういうときはネタっぽく書くことで、「そこまでイジるなら逆に見てみたい」と思わせるようにしています。ただし、あまりネタにしすぎると気分を害する人もいるので、そこは長年の課題です。また、本気度とユーモアのバランスが難しく、それこそが表現の面白さでもあります。

「**文章は基本的に、映画を見て感じた気持ちをそのまま書く**」ようにしています。面白い映画は「これホント面白いんです！」と、論理よりも感情を乗せるように心がけています。映画の感想を書くのは難しいという意見をよく聞きますが、これは慣れだと思い

ブログを書くときに気をつけること③

- 「この映画見たい！」と思ってもらえるような記事を書く
- 映画を見て感じた気持ちをそのまま書く
- 気取らずに楽しく自分の気持ちに正直に書く

ます。私の場合は、鑑賞直後のほうが感想をうまく書けます。「**変に気取らないこと、楽しく自分の気持ちに正直に書くこと、それが大切な要素**」だと思っています。

映画を基礎に、ジャンルを派生させる

映画を見ることで、ネタは無限に増えていきます。好きな映画に関しては、何度も見ることで伏線や見どころまで詳細に解説できる記事にもなります。「**映画の感想記事は長めですが、途中離脱も想定して純粋な感想は前半に、コラム的な読み物を後半に配置しています**」。さらに、映画を切り口にして、ほかの要素と組みあわせることも可能です。たとえば「**映画と料理**」「**映画とロケ地**」「**映画と音楽**」など、映画を基軸にしてどんな要素でも掛けあわせることができるので、書きたいネタがどんどん増えていきます。

「継続は力なり」とはまさに真理で、書き続けていくうちにアクセス数が増えて、多くの人に読んでもらえるようになりました。だからこそ、失言や無責任な物言いには気をつけています。

3 ブログをはじめて実社会での変化

映画会社とやり取りができるようになり、マスコミの試写会へ呼んでもらえるようになりました。私は学生時代から、映画に関わるような仕事をしたいと考えて就職活動などもしていましたが、まさかブログを通じてその願いが叶うとは、開始当初は思いもしませんでした。

また、直近では松竹が運営する「シネマズｂｙ松竹」というメディアで、編集長という立場で仕事をすることになりました。これも、ブログを続けてきたからこそいただけたご縁です。**「個人の発信力があると認められれば、ほかの業界でもこのように企業と直接のつながりを持つことができるのではないか」**と思います。

4 ブログから収入を得る方法

映画に関連するブログなので、映画のＤＶＤ／**Blu-ray**を販売するアフィリエイトプログラム（**Amazon**／楽天）や、**Hulu**などのストリーミングサービスを申し込んでもらうアフィリエイトプログラムと相性がいいです。訪問してくれた人が全員、記事を**「最後まで読んでくれるとはかぎらないので、本文中にテキストリンクを配置するなど、記事下部にリンクを集中させないように注意」**しています。

また、基本的には「儲ける」ためのブログではないので、自然な商品紹介やアフィリエイトリンクを心がけています。

ブログから収入を得るコツ ３

● 記事を最後まで読んでくれるとはかぎらないので、本文中にテキストリンクを配置するなど、記事下部にリンクを集中させない

ブログは自分自身の広告塔

私の場合、どちらかというとブログ本体からの収益よりも、ブログを見て直接仕事の提案をいただくことが多いです。つまり、「**ブログ本体は収益源というよりも、自分自身の広告塔となっている**」ようなイメージです。映画配給会社とコラボレーションをして、新作映画の試写会を行ったり、イベントのお手伝いをしたりすることも多いです。

5 これからブログをはじめたい人に向けてのメッセージ

ブログのアクセス数を増やしたい、ブログを通じて仕事を得たい場合は、とにかく「続けること」が重要です。何事も続けないことには何も成果が出ません。ただ、注意してもらいたいのは「**〝続けること〟を苦行と思わないこと**」です。そのためには、好きなことをブログに書くことが1番大切なのです。「**せっかく自分の好きなことを自由に書けるブログなのですから、自分の得意なことや楽しいと思うこと、世の中に伝えたいことを記事に書いていきましょう**」。

楽しいブログがこの世に増えたら、世の中もっとご機嫌になります。ぜひ一緒にブログライフを楽しみましょう。お待ちしています。

「好きなことを続けていたら夢が叶った」ってステキですよね！

04 求められることを楽しく精一杯やった結果として、書籍化や講演から収益に「タムカイズム」

1 「タムカイズム」について（タムラカイ）

ブログ自体を開始したのは2009年でしたが、旧ブログを移転して、2013年から現在のブログ「タムカイズム」を運営しています。ブログのテーマは、ガジェット（デジタルカメラやスマートフォン、パソコンなど）やWebサービスのレビューから、日常生活での気づきまで幅広く、「**自分の興味関心を第一にした、〝人生の楽しみ方をデザインする〟というコンセプトで情報発信**」をしています。「デザイン」という言葉が入っているのは、私の現在の職業がデザイナーであることが理由です。会社員として企業に勤務する傍ら、ブログを書いています。

ブロガーに憧れて

ブログをはじめたきっかけは、私が勤める会社が開催したブロガーイベントに企業側担当者として参加したことでした。会社という後ろだてがあるわけではなく、自分のブログを背負って企業と対等の関係を構築しているブロガーに尊敬の念を抱きました。そのような人たちと仲よくなりたいと思って選んだ手段が、彼ら彼女たちと同じ立場になるためにブログをはじめることでした。

もともとガジェットやWebサービスといった新しい技術が好きだったので、それらを紹介することが自然と多くなりました。ブログ運営初期は、文字や写真も最低限の量で記事を書くこと自体で精一杯でしたが、**「長く続ける中で読者のことを考えられるようになり、図表を増やしたりわかりやすい文章表現にしたりする余裕ができてきました」**。

2 ブログ運営で気をつけていること

ブログの世界も現実世界と同じ

あくまで現実世界の延長であるということを忘れず、**「誰かを非難する、あるいは読んで嫌な気持ちになるようなことは**

● タムカイズム（http://tamkaism.com/）

なるべく書かない」ようにしています。ですから、いわゆる炎上をすることもほぼありません。誰だって、自分の好きな物事を批判されたら気分を害します。自分もそうです。だからこそ、「**よかったこと、楽しかったこと、興味を引かれたことを中心としたブログになっている**」わけです。

自分のブログ更新ペースを把握する

もともと、自分が好きなことを書くというところからスタートしたので、ネタ探しで困るようなことはほとんどありません。また、いい意味で「**更新頻度にこだわっていないので、書きたいときに書くというスタンスも、個人的にはちょうどいい**」と感じています。更新が義務になってしまうと、楽しさが半減してしまいます。人によっては苦痛になり、ブログを書くことが嫌になってしまう可能性もあるので、自分にあったペースを知っておくことは大切だと考えています。

私は過去にしばらくの期間、毎日更新を心がけた時期があり、その時期にアウトプットすることがあたりまえになったので、自分の壁を壊すようなことに挑戦してみるのもいいかと思います。

ブログを書くときに気をつけること❹

- 誰かを非難したり、嫌な気持ちになるようなことは書かない
- 更新頻度にこだわらず、書きたいときに書く

3 ブログをはじめて実社会での変化

「ラクガキコーチ」として、ワークショップ開催から書籍化まで

もともと好きだった手描きの「ラクガキ」をブログに載せるようになると、（ほかの多くのブログは写真と文章で構成されていたため）手描きのラクガキは目を引くことになりました。ブログを続けていると、知人から「タムカイさんみたいに楽しく絵を描いてみたいんです」と言われ、人生を楽しくするラクガキ講座、「ハッピーラクガキライフ」というワークショップを開催するようになりました。

そこから多くの人に興味を持ってもらい、個人開催だったイベントが企業や行政機関からのオファーをいただくようにもなり、今では日本各地でワークショップを開催させていただくまでになりました。そして、２０１５年3月には「ラクガキノート術」（エイ出版社刊）という書籍を出版することができました。

もともと好きだった絵を描くこと、デザイナーとして心がけていたユーザーのために考えること、そこにブログの発信力が結びついて「ラクガキコーチ」という肩書きを名乗るようになったことが、実社会で1番大きな変化かもしれません。二足のわらじを許してくれている会社にも感謝しています。

4 ブログから収入を得る方法

ブログを続けた結果として収益化がある

ブログ運営の中で、アフィリエイトプログラムや**Google AdSense**を利用していますし、ラクガキコーチの活動から報酬をもらうこともあります。ですが決してお金が目的というわけではなく、「**自分が楽しくて相手も喜んでくれることをしていたら、結果としてお金もついてきた**」という状況です。

最近は「有名になるため」、「お金を稼ぐため」といった目的ありきでブログをはじめる人も多いように感じますが、結果はあくまで結果であって、人それぞれたどり着く場所が違うのがブログの魅力だと思っています。というか、「**有名になったりお金を稼いだりすることが目的なら、ブログのなんと遠回りなこと**」か(笑)。有名になりたい、お金を稼ぎたいのであれば、別の手段を考えることをお勧めします。

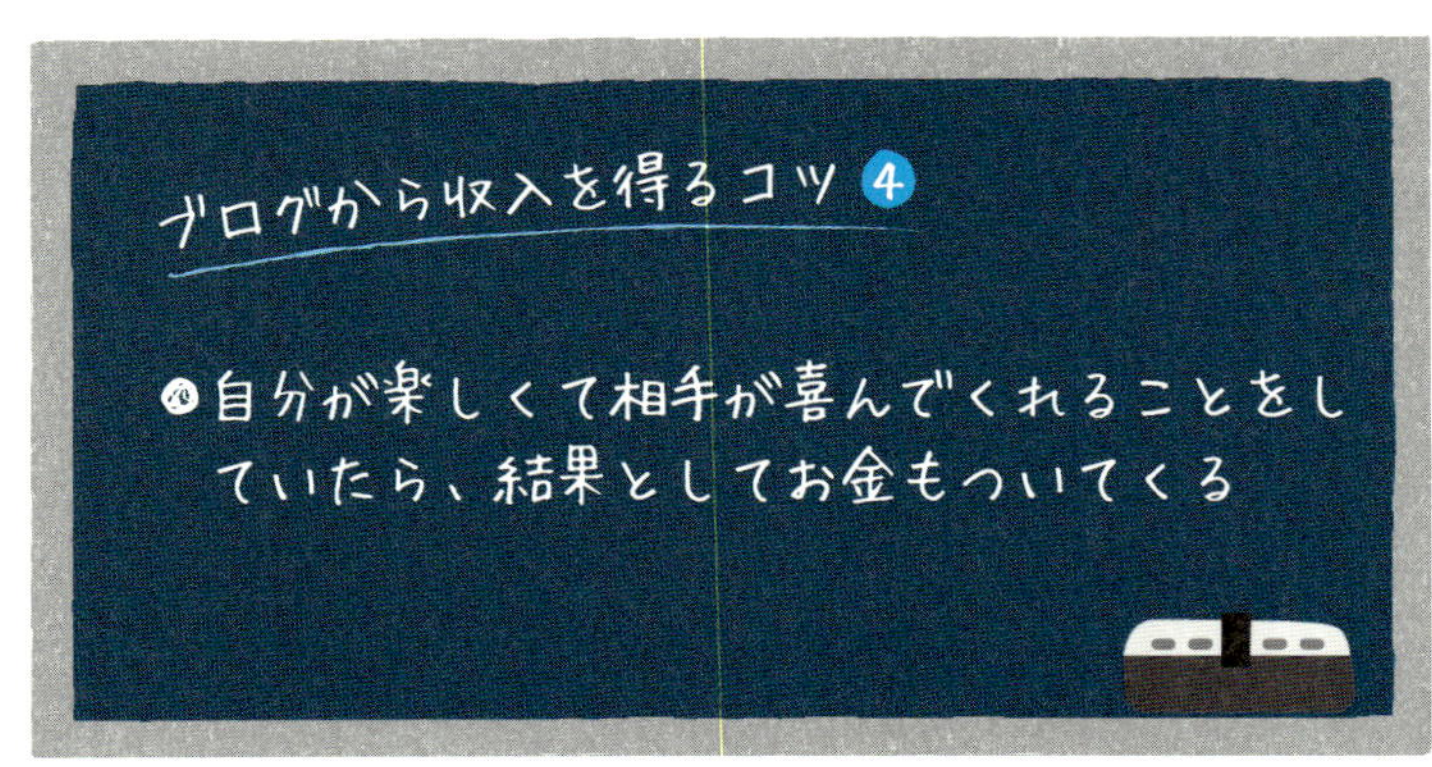

5 これからブログをはじめたい人に向けてのメッセージ

目の前のことを楽しもう！

私個人としては、「**大きな目標を立ててそこへ向かって努力するというよりは、今この瞬間に自分が楽しく、相手に求められることを精一杯やる**」というスタンスなので、これという具体的な展望があるわけではありません。

ただ、もっともっと多くの人がラクガキによって自分の創造性を引き出し、その結果として世界が楽しい場所になればいいなと常々思っています。そのための手段として、いろいろな場所で講演したり、もっと本を出してみたり、時にはメディアに出るということができたらいいな、と考えたりすることはあります。

結局のところ、ブログ運営にたったひとつの最適解なんてものはありません。「**表現したいから書く**」という、シンプルな気持ちではじめてみてはいかがでしょうか。

05 失敗だらけだった私の人生が詰まった分身「ももねいろ」

1 「ももねいろ」について（橘桃音）

「自分の悩み」は「みんなの悩み」

「ももねいろ」は、２０１４年４月に運営を開始しました。主に、20～40代の子育て世代が共通して持っているであろう、生活全般の悩みを解消するヒントとなるような記事を書いています。お金で困ったこと、仕事や子育てで困ったことなど、同じような問題を抱える人たちの悩みを解決し、ストレスなく楽しい人生を歩んでほしいと思い運営しています。

私がブログをはじめたきっかけは、マイホーム購入時の失敗です。住宅ローンを早期返済したいと思い、「ももねいろ」を書きはじめました。お金をメインテーマに選んだ理由は、ずばりお金や子育てに自分もひどく悩んでいたからです。悩んで悩んで悩み抜くほど、関心が強いテーマだからこそ選んだのです。自分のお金の動きを公開してモチベーションを維持することも、ひとつの要素でした。

2 ブログ運営で気をつけていること

悪口は絶対NG、キツくならないように

「**人の悪口を決して書かないことだけは徹底**」しています。四方八方に悪口をまき散らしていたり、人のブログに文句を言ったりする記事は、自分が読んでいてもマイナス思考に陥りがちです。自分が嫌なことは他人も嫌なはずなので、攻撃的な内容にならないよう心がけています。

文章の書き方として気をつけているのが、「**です・ます調を使う**」という点です。以前は「だ・である」といった断定調で書いていたのですが、少しキツい印象を受けるなと感じたので、最近変更しました。

そしてもう1点は、「会話」を意識して書くことです。「**マンガが面白いのは、キャラクターが放つセリフだから**」です。

● ももねいろ（http://momonestyle.com/）

読んでいて面白いと思うのは、人を感じさせる言葉だからです。だからこそ、難しい言葉を使うことを避けています。日常生活で、専門用語ってほとんど使わないですよね。

ブログをはじめた当初は、自分のことばかり書いていました。今もまったくその方向性は変わっていません。「ももねいろ」は私の人生がテーマですから、それでいいのだと思っています。記事単体を読むと、いろいろなことを書いているると思われるかもしれませんが、全体的な方向性は住宅ローンの早期完済という観点から1度もブレたことはありません。

3 ブログをはじめて実社会での変化

順調にブログを運営しているように見えるかもしれませんが、実は、ブログの運営を2度ほど止めたことがあります。ブログを止めた1番の理由は、ブログが会社にバレて注意を受けたからです。「なんでブログを書いていて叱責されるんだ」と、ひどく落ち込んでいましたが、やはりブログが好きだという気持ちは抑えられませんでした。「戻ってきてください」と読者からのたくさんの

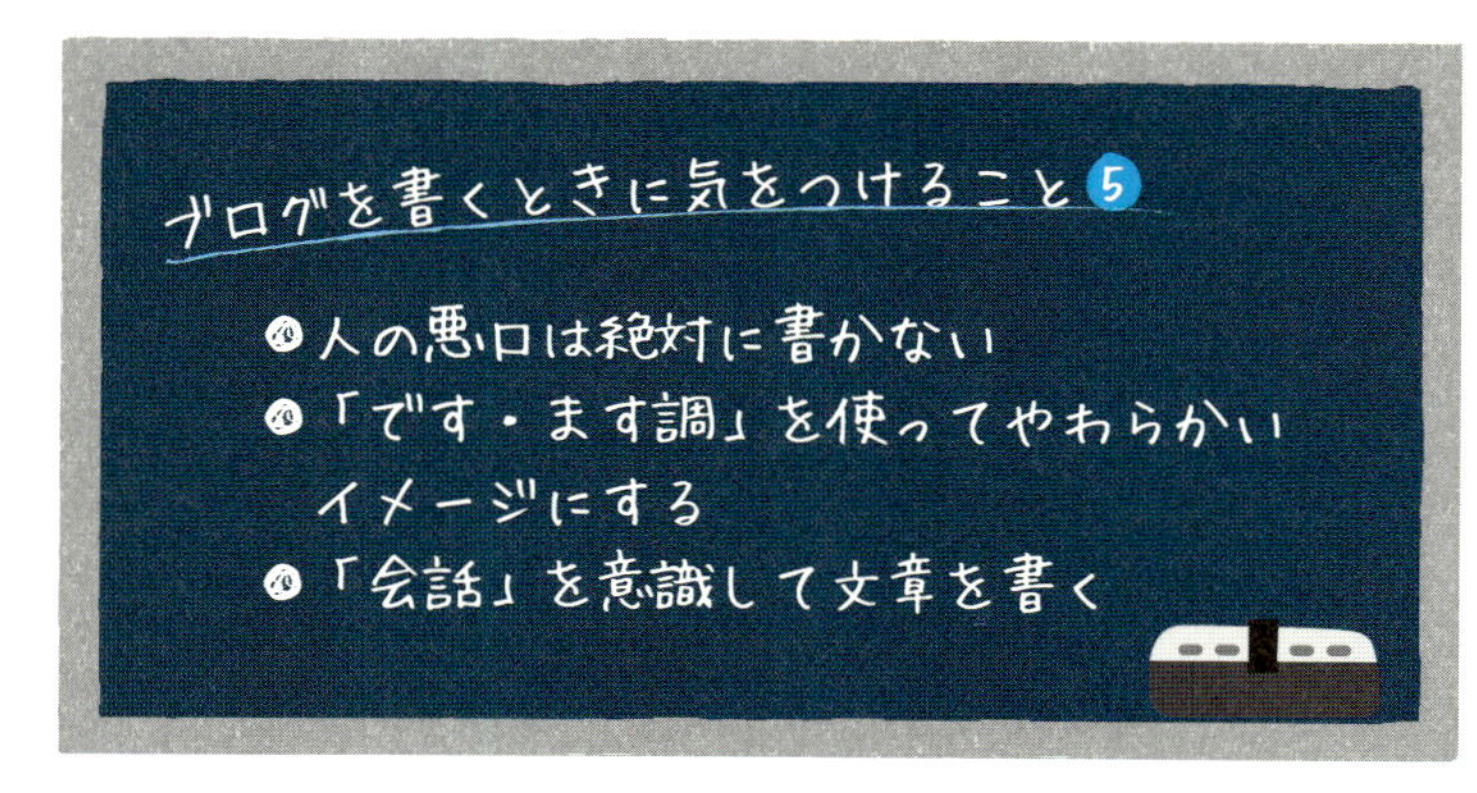

応援をいただいたことが後押しとなり、ブログに戻る決心をしました。

結果として、会社員の給与よりもブログからの収入のほうが大きくなり、10年間勤めた会社を辞めてしまいました。絶対に定年まで勤めると誓っていた会社をあっさりと辞めたのは、やはり自分が好きだと思うことを1番にやろうと思ったからです。でも、これには自分自身が1番驚きました。

会社員からブロガー、そしてカウンセラーの道へ

そして、大好きなブログを続けていくにつれ、同じような悩みを抱える人たちから相談を受けることも多くなりました。世の中には、さまざまな悩みがあります。自分が経験してきた悩みの解決法だけでは対応できないような、大きな問題を抱えている人もいます。相談してくれた人たちが抱える問題を、一緒になって解決したい。その想いから、専門的な知識を得るためにカウンセラーの資格取得の勉強もはじめました。これも、ブログを書いていなければ触れることもなかったであろうチャレンジです。新たな経験を積めている喜びを、日々感じています。

こんな生活を送るようになるとは、ブログをはじめるまでは夢にも思いませんでした。やりたいことに全力をそそげる環境にいられることにも感謝しています。ブログを運営し続けることで、会社員のときとはまったく違った人生が展開されていく現在に、自分自身驚きながら楽しんでいる毎日です。

4 ブログから収入を得る方法

「売る」ことにこだわらない

私はもともと、「売りたい！」「買って！」とあまり思っていないせいか、アフィリエイトプログラムを探すのが面倒で、あまり好んで収益化をしていません。

「ブロガーは記事を読んでもらってなんぼ」と考えているので、ただ多くの人に読んでもらいたい、という思いだけが収益につながっているようです。もちろん、紹介した商品が売れれば素直にうれしいですけれどね。

もしかしたら「**〝商品を売る〟ということにこだわっていないのがポイント**」かもしれません。無理に商品やサービスを売ろうとすると、「ももねいろ」のよさが消えてしまうような気がするので、このままでいいと思っています。

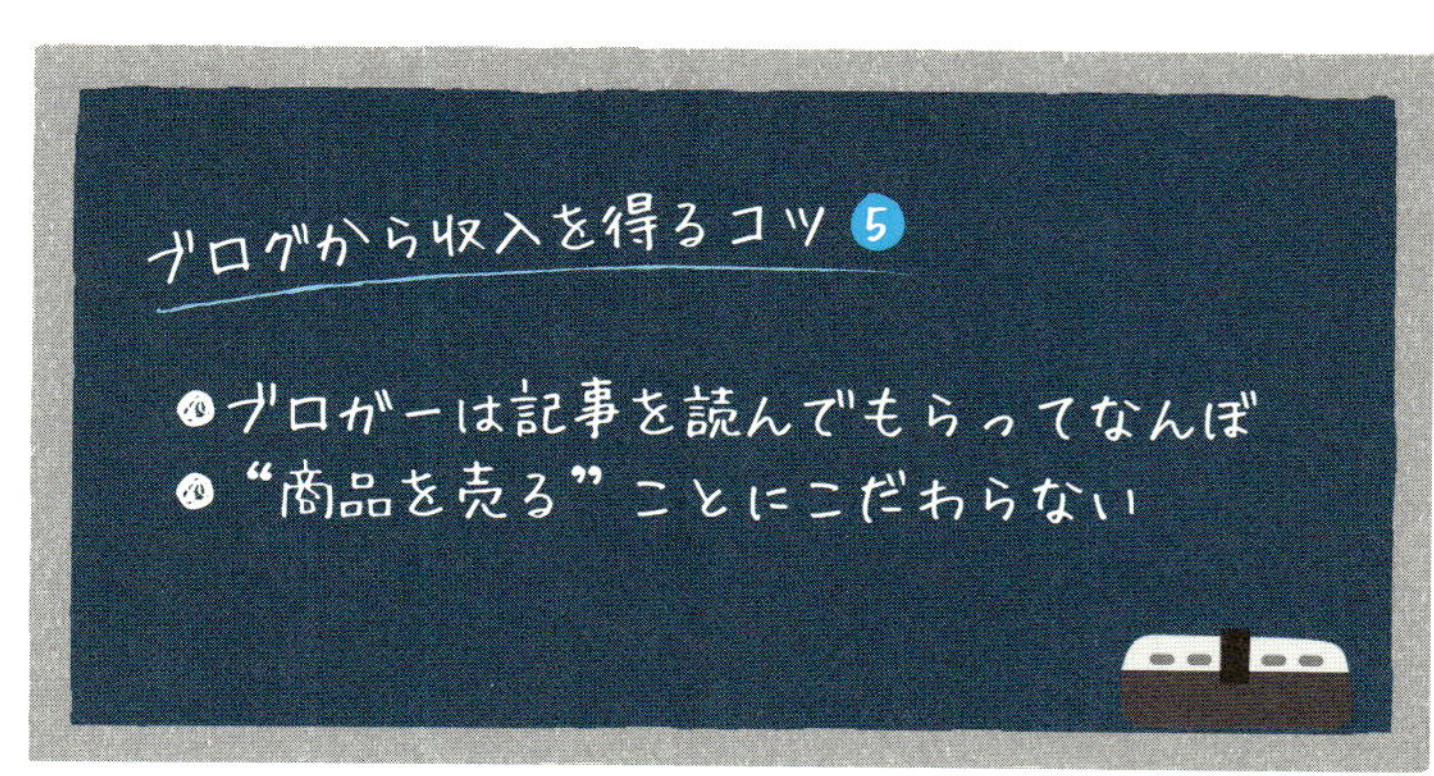

5 これからブログをはじめたい人に向けてのメッセージ

失敗を恐れず、楽しんで続ける

最初からブログで稼ごうと思わず、まずは自分の思ったことを、素直に気楽に表現することからはじめてみてはいかがでしょうか？　私みたいに難しいテクニックなんてわかっていなくても、楽しんで続けていれば収益はあとからついてきます。私のブログなんて、人生と一緒で失敗続きですからね。気楽にブログライフをはじめてみましょう。

私も今までと変わらず、欲を持ちすぎないようにブログを続けていきます。**「続けていくだけでもすごいことですから、私の人生が終わるまで、このままのスタイルで続けていきたい」**と思っています。私も「ももねいろ」も、そして訪れてくれる読者の人たちも、一緒に歳を重ねていければ幸せです。

桃音さんの人生がそのままブログになっている「ももねいろ」だからこそ、共感してくれる読者が多いんでしょうね。

06 得意なこと、好きなもの、詳しいこと、思っていることすべてがネタになる「ヨッセンス」

1 「ヨッセンス」について（ヨス：矢野洋介）

２０１２年10月から運営している「ヨッセンス」。私のブログのテーマは、「ノンジャンル」です。つまりジャンルがないのが特色で、１週間毎日違うことについて書いていることもあります。ただ一貫しているのは、旬な話題や世間の流行などは関係なく、自分が書きたいと思ったものを書き続けていることです。好きなことしか書かないので、どの記事も幅広く奥深い内容になっていると自負しています。

教えたい欲

ヨッセンスをはじめたきっかけは、「教えたい欲」です。会社員時代、業務効率を上げるためにいろいろなことを学び経験してきたのですが、自分の中に蓄えた情報を発信したい、教えたいと思っていました。もともと、外国人向けの日本語教師をしていた経歴もあり、ブログで多くの人に教えるという行為は、私にとって快楽以外の何ものでもなかったのです。

ブログ開設当初は、ライフハック系やノウハウ系の記事が多かったのですが、次第にブログを「**自分の思想を発信する場としても使う**」ようになってきました。たとえば男女差別問題であったり、嫌煙の話であったり、変な慣習を取りあげてみたり……といった具合です。そのような「**〝とんがった記事〟を書き出してから、一気にファンが増えていきました**」。「ちょっと変だな」と思っていることを言語化することで、同じ疑問を感じていた人が共感してくれているのでしょう。

2 ブログ運営で気をつけていること

「がっかり」させない記事づくり

とにかく、わかりやすい文章を心がけています。私のブログは、**Google**や**Yahoo!Japan**などの検索エンジン経由で訪問

ヨッセンス（http://yossense.com/）

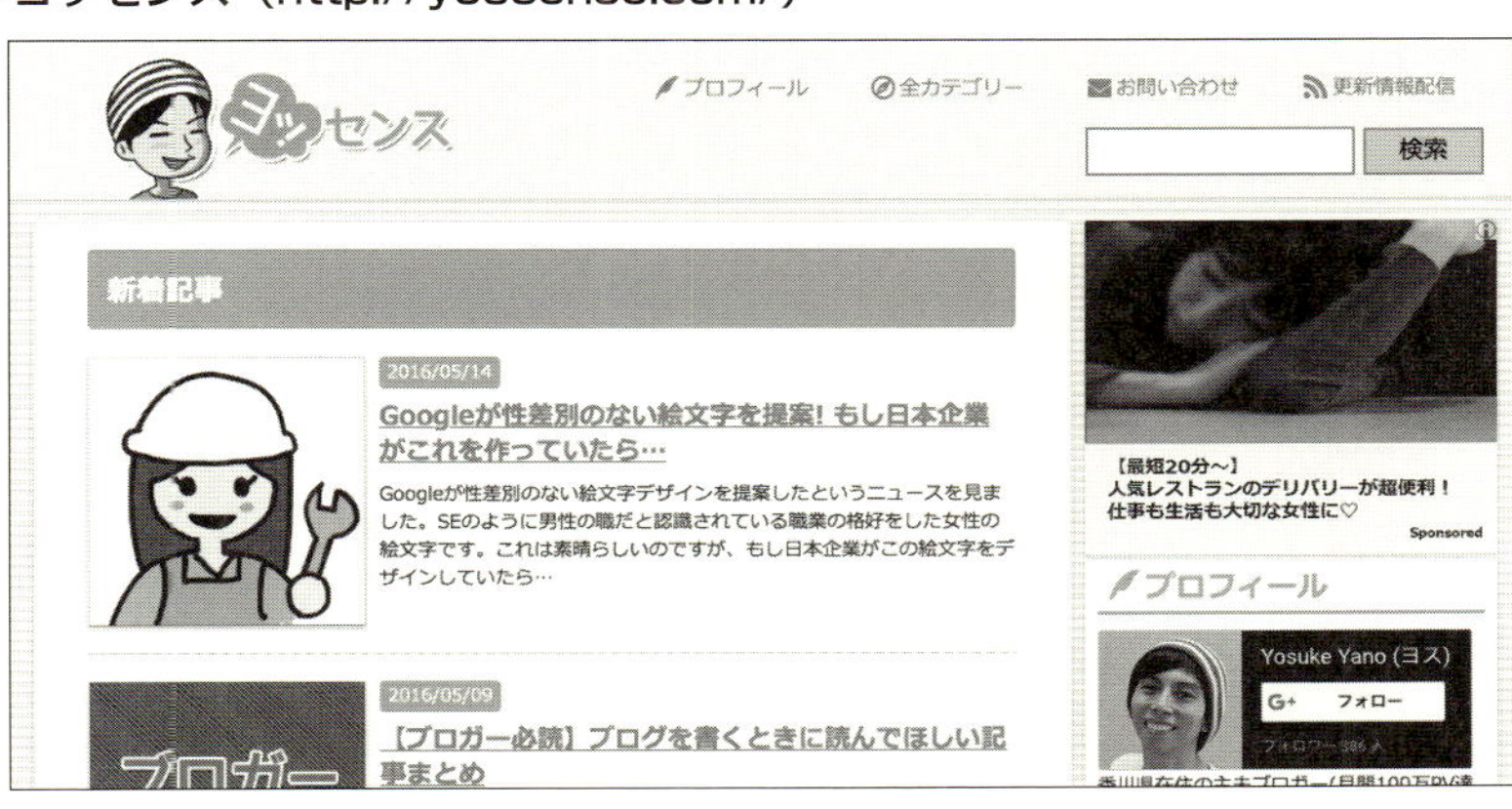

してくれる人が多いです。なぜ検索するのかというと、「わからないことを知りたい」からです。疑問点を解消するために調べているのに、たどり着いたページの説明が下手なら、その落胆は大きいですよね。ヨッセンスに訪れてくれた人に、がっかりしてもらいたくないのです。文章だけでわかりにくい場合は、写真やイラストを挿入します。動きがないと理解できないようなら、GIFアニメーションや**Vine**、**Youtube**などの動画を入れるなどの工夫をしています。

ブログ運営において、自分の得意なこと、好きなもの、自分が詳しいこと、思っていること、すべてがネタになります。「**書きたいと思えば何でも気にせずに書けるところが、個人メディアかつノンジャンルブログの強み**」です。ネタが枯渇することは、生きているかぎりないかと思います。

3 ブログをはじめて実社会での変化

先ほども書きましたが、私はもともと会社員でした。ブログからの収入で生活できるようになって大きく変わったのは、やはり

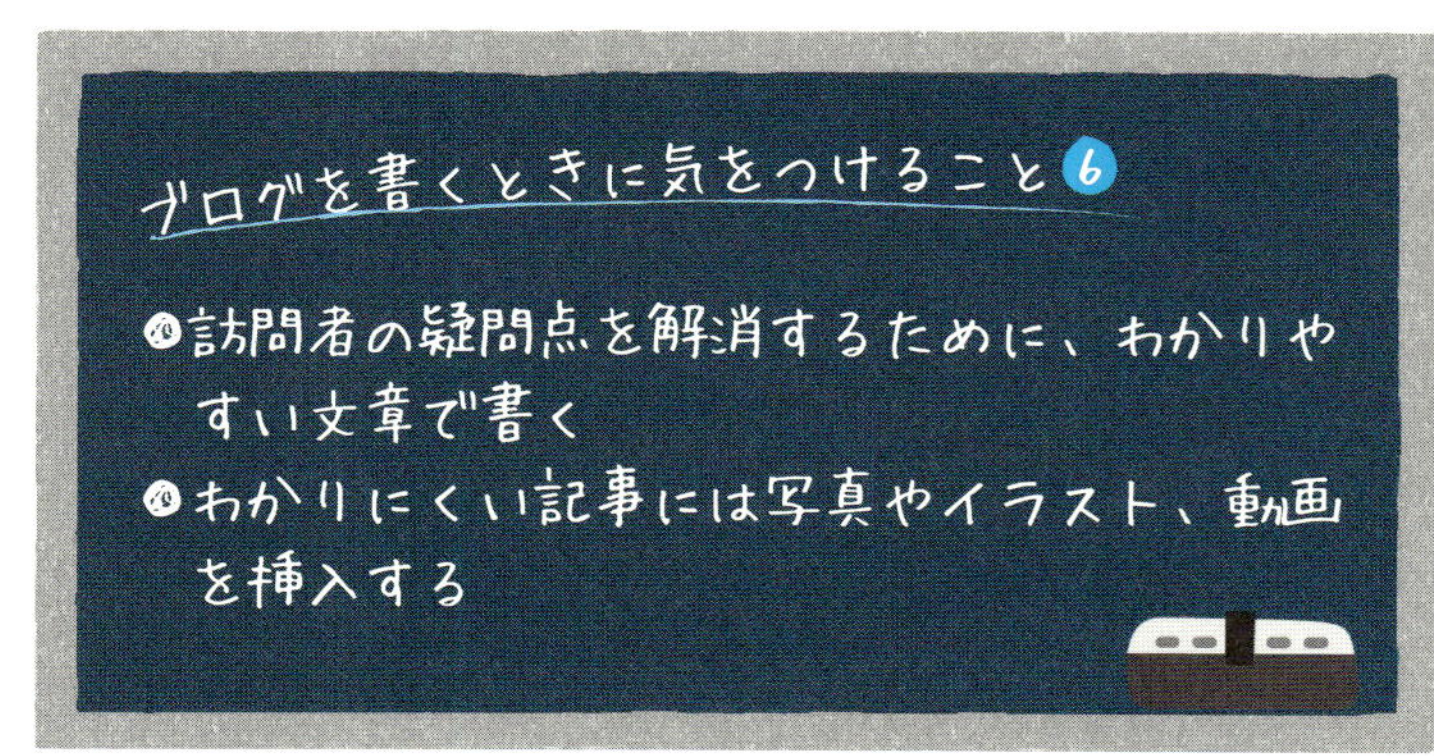

会社に行かなくてよくなったことです。会社員を否定するわけではないですが、自分はどこかの組織に属して働くよりも、自由な立場で発信するほうが向いていたのだと思います。

ウェブデザインやイラスト制作の仕事を受けることもありますが、**「ブログからの収益のおかげで、無理して営業しなくても生活できるという安心感があるのは大きい」**です。それによって、子どもと接する時間が十分取れるようになったことが1番の変化だと思います。子どもはどんどん成長しますから、その大切な時間を1秒でも無駄にしたくないのです。

4 ブログから収入を得る方法

私の場合、購入した製品や申し込んだサービスは、できるだけ記事にします。多くの商品は、**Amazon**や楽天市場で売っているので、必ず記事内にアフィリエイトリンクを挿入しています。**Amazon**や楽天のアフィリエイトは、商品1つあたりの収益額は小さいですが、「塵も積もれば山となる」です。月に何百個も売れるようになると相当額になるので、**「地道にアフィリエイト広告を入れる」**のをお勧めします。

ブログを、自分のつくった商品の広告として使う

ブログに人気が出てくると、1日に万単位の人が閲覧してくれるようになります。これって、規模は小さいですが、テレビや雑誌のようなメディアを自分で持っているような状況ですよね。

もし自分でイラストを描いたり、商品やサービスをつくれたりするなら、外部にお金を支払うことなく自分のブログ内で好き勝手にＰＲできます。私の場合は**LINE**スタンプを描いて、それをヨッセンス内でＰＲしてダウンロード（販売）につなげています。

さらに、ブログからの収益だけでなく、「ヨッセンスクール」という有料のオンラインサロンをはじめました。申し込んでくれたメンバーだけが参加できるグループで、ブログのアクセスアップ方法や収益化方法、ビジネスモデルの構築など、もっと濃密な話題についてとことん話せる場です。私が教える立場になることが多いですが、メンバーのほうが詳しい知識を持っている場合は、その人が先生の立場になって情報共有します。これが楽しくて楽しくて、時間を忘れてしまうくらいです。やっぱり人に教えること、そしてその人が成長していく姿を見るのは嬉しいものです。

● 元WEBショップ店長で現役プロブロガーが教えるヨッセンスクール ブログ科（https://synapse.am/contents/monthly/yossense）

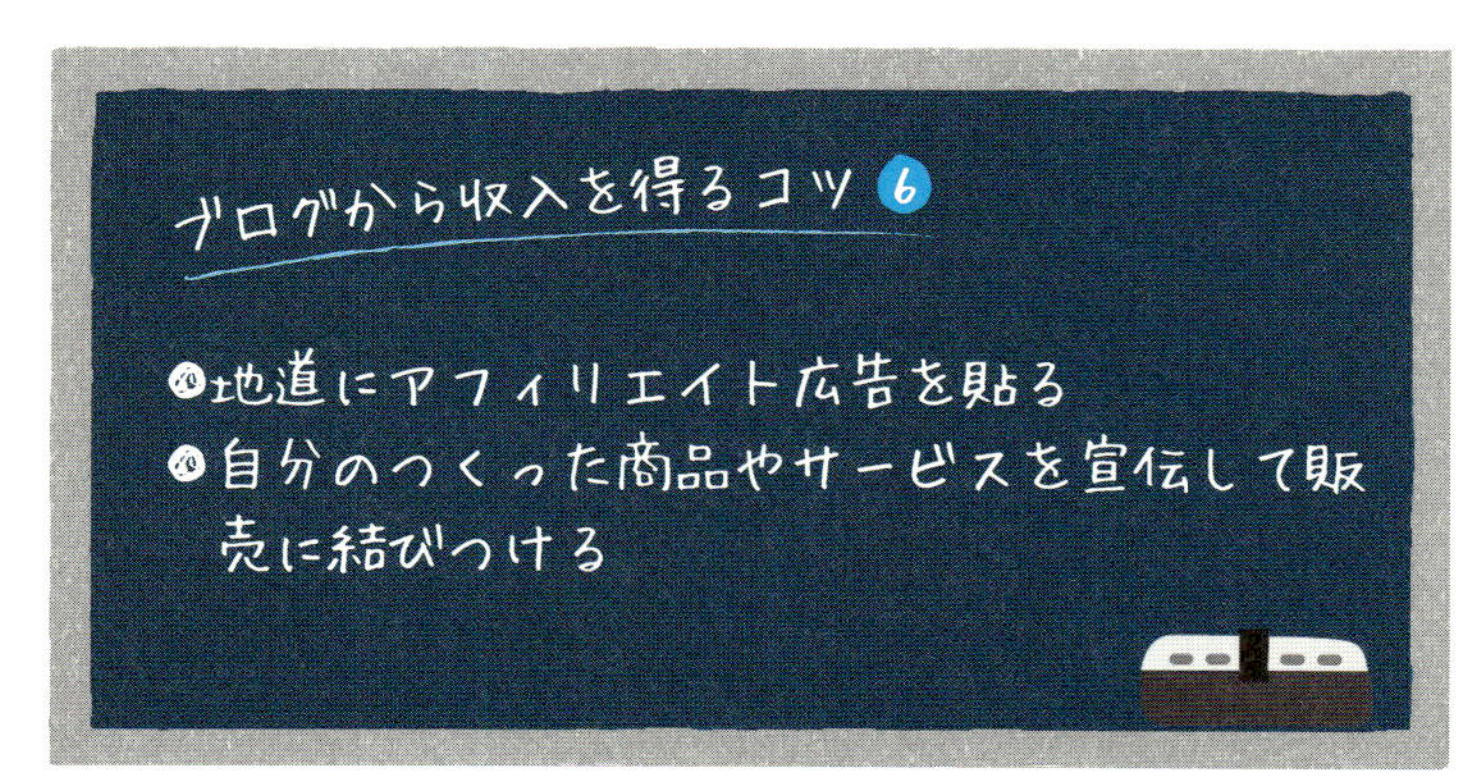

5 これからブログをはじめたい人に向けてのメッセージ

歳を重ねたからこその「ノンジャンル」

私が「ヨッセンス」をはじめたのは36歳なので、決して若くはないスタートだったと思います。何も考えずに選んだ「ノンジャンル」というジャンルですが、今思うと、年齢が高く多彩な経験を積んだ人こそ活きるジャンルだと思います。

私の場合は、デザインやイラストを勉強していたこと、日本語教師をやっていたこと、オンラインショップの店長をしていたこと、バセドウ病になったこと、洋楽マニアだったこと、3人の子持ちで主夫をしていること、すべての経験が無駄なくネタになっています。あなたが息を吸うように簡単にやっているその業務や活動は、もしかするとほかの人の感動を呼ぶほどのコンテンツになるかもしれません。「〝ノンジャンル〟は、**最も参入敷居の低いジャンル**」だと思うので、ぜひぜひ気軽にはじめてみてください！

「経験したことすべてがネタになる」、これがブログの醍醐味です。

07 ブログを書き続けて人生が変わった「らふらく^^」

1 「らふらく^^」について（スズキタク）

単なる「お小遣い稼ぎ」から……

２０１３年１月に運営開始した「らふらく^^」。ブログをはじめたきっかけは、単純にお小遣い稼ぎをしたいと思ったからです。２０１３年当時は「NAVERまとめ」というサービスでお小遣い程度の金額を稼いでいたのですが、ブログで稼ぐための方法を学んだところ、ブログ運営のほうが効率的に収益を生み出せるのではないかと思い、「らふらく^^」をはじめました。

ブログの運営開始時点では、特にテーマを決めていませんでした。運営していくにつれ、新しい生き方、働き方を発信したくなり、今はこのテーマをメインにしています。ブログの方向性としては、ライフハック系やお役立ち情報から、生き方、働き方の提案、ブログでの稼ぎ方にシフトした形になります。
実は今、過去記事を少しずつ修正しているのですが、よくこんな記事を公開していたなぁと恥ずかしくなるほどです。でも、たった3年でそれだけ自分の文章力や考え方が成長したのだとも感じています。

2 ブログ運営で気をつけていること

傷つけないで役立つことを

ブログ運営において、気をつけていることが2つあります。それは「**誰かを傷つける記事を書かないこと**」と、「**ゴシップを書かないこと**」です。自分のブログ記事を読んでくれた人に、少しでも役に立ったと思ってもらえるような情報発信を心がけています。

文章を書くときには、「**できるだけ簡潔な文章で、結論を先に書く**」ことを心がけています。内容が変わるときには見出しをつくったり段落分けをしたりして、読みやすさを意識し

● らふらく ^^（http://laugh-raku.com/）

ながら書いています。また、最も伝えたい重要な部分のテキストを太字にしたり、色をつけたりもしています。

私は、常にブログのネタになるようなことがないか、アンテナを張って生活しています。たとえば、読んだ書籍、ランチに入った定食屋さん、友人との会話や、電車内での会社員同士の会話などです。気づいていないだけで、日常には面白いことがあふれているのです。

3 ブログをはじめて実社会での変化

1番大きく変わったのは、**「自分の会いたい人に会えるようになった」**ことです。「スズキタクに会いたいです」と言ってもらえることも増えました。情報発信することによって、私の考えを世間に知ってもらえるきっかけが生まれ、共感してくれる人が自分の周りに集まってくる環境になっているのでしょう。

ブログを書いていなければ絶対にかかわることがなかったような人たちと交流できているのは驚きでもあり、自分のこれからの人生においても大きなメリットだと感じています。

ブログを書くときに気をつけること⑦

- 誰かの誹謗中傷やゴシップ記事は書かない
- 簡潔な文章で、結論を先に書く
- 見出しをつけたり、テキストに色をつけたりして伝わりやすくする

4 ブログから収入を得る方法

Google AdSenseやアフィリエイト、外部メディアへの寄稿、イベント運営、企業向けの講演、オンラインサロンの運営などがあります。

アフィリエイト広告を貼る際のポイント

ブログで収益をあげたいのであればアフィリエイトが効率的なのですが、私の経験上、バナー広告は効果が薄いです。テキスト広告を活用して、記事単位でアフィリエイトリンクを挿入しましょう。具体的には、**「商品名/サービス名のアフィリエイトリンクを本文内に入れ、記事の終わりに〝〇〇の公式サイトはこちら〟というフレーズでアフィリエイトリンクを配置する」**のが効果的です。読者に違和感を抱かせないフレーズやキーワードで、アフィリエイトリンクを挿入するのがポイントです。記事の内容については、自分の悩んだことを書きましょう。そうすると文章に臨場感が生まれ、共感を持って読んでくれる人が増えます。結果

ブログから収入を得るコツ 7

- テキスト広告を活用して、記事単位でアフィリエイトリンクを貼る
- 読者に違和感を感じさせないフレーズやキーワードを使う

として、アフィリエイトでお金が生まれるのです。

オンラインサロンの運営

最近力を入れているのが、ブログ運営のオンラインサロンです。「**Blogger Boot Camp!**」という名の勉強会グループなのですが、月額固定の参加料をいただき、**Facebook**グループを活用して運営しています。

このオンラインサロンでは次の3本の柱を中心に、ブログ運営初期の段階で悩みを抱えている人たちのアシストをする内容になっています。

- **これからブログを立ち上げようと思っている人**
- **ブログをつくってはみたものの、継続できていない人**
- **ブログをはじめたけど、運営で悩んでいる人**

ブログを活用した知名度の向上方法、副業としてのブログ活用法など、自分の経験やノウハウをサロンの仲間と共有して、参加者全員の能力の向上を見込んでいます。

- **Blogger Boot Camp!（http://laugh-raku.com/page-15887）**

5 これからブログをはじめたい人に向けてのメッセージ

ブログを毎日書くと、人生が変わる

「ブログを毎日書きましょう！」というとハードルが高いように感じるかもしれませんが、慣れてしまえば日常のルーティンになります。まずは1カ月間、たった1行ずつでもいいので文章を書いてみてください。小さい山を越える作業を行っていきましょう。ひとつの山を越えたと思ったら、1行だったものを3行にする。さらに山を越えたと思ったら、1日朝と夜の2回更新にしてみる。一つひとつハードルを越えていくことで、自分の能力がアップし、できることが広がってきます。

「ブログで人生が変わる」という言葉は安っぽく、嘘臭いように感じるかもしれませんが、真実です。何より私がそうでしたから。毎日ブログを書き続けることで本当に人生が変わります。自分の可能性を信じて取り組んでみてください。

自分の経験から出てくる「毎日更新で人生が変わる」という言葉には重みがありますね。

08 人気記事を再編集して電子書籍化、Kindleのベストセラー作家へ「わかったブログ」

1 「わかったブログ」について（かん吉：菅家伸）

ブログの利便性

２００６年から運営している「わかったブログ」。日々の気づきを書き留める場にしたいと思い、「わかった」という言葉をメインテーマにしたブログ名になりました。もともとは、ホームページビルダーというソフトウェアでウェブサイトを運営していましたが、ブログシステムを利用すると、１ページ１ページ手作業で更新する作業を行わなくても、記事を書くだけでウェブサイトが構築されていくという利便性に気づき、ブログをメインに活動するようになりました。

実は、同時期にテーマを絞ったブログを４つ運営していました。しかしながら、最後まで残ったのは「わかったブログ」だけでした。なぜかというと、ほかのブログは特定のテーマに沿った内容しか書けなかったからです。「わかったブログ」は雑記ブログとして運営していたので、「**日記のような感じで日々の雑感を書ける場所として長続きした**」のだと思います。

2 ブログ運営で気をつけていること

「わかったブログ」を運営しはじめたころは、漠然と文章を書き散らしていました。ですが、自分の伝えたいことを効果的に読者に届けたいと思い、2010年ごろから記事のタイトルに気を遣って、読者がどうしたら楽しんで読んでくれるかを考えるようになりました。読者の興味を引くタイトルを考えること、小見出しをしっかりつけること、なるべく言い切ることで読みやすい文章になります。何より「**ブログ運営で1番大切な要素は〝信用〟**」です。自分の書いた文章に間違いがあれば、すぐに修正します。そして他人を非難するような記事も書かないように心がけています。

これらのことは、読者からの信用を得るために必要不可欠な気配りだと思っています。

● わかったブログ（http://www.wakatta-blog.com/）

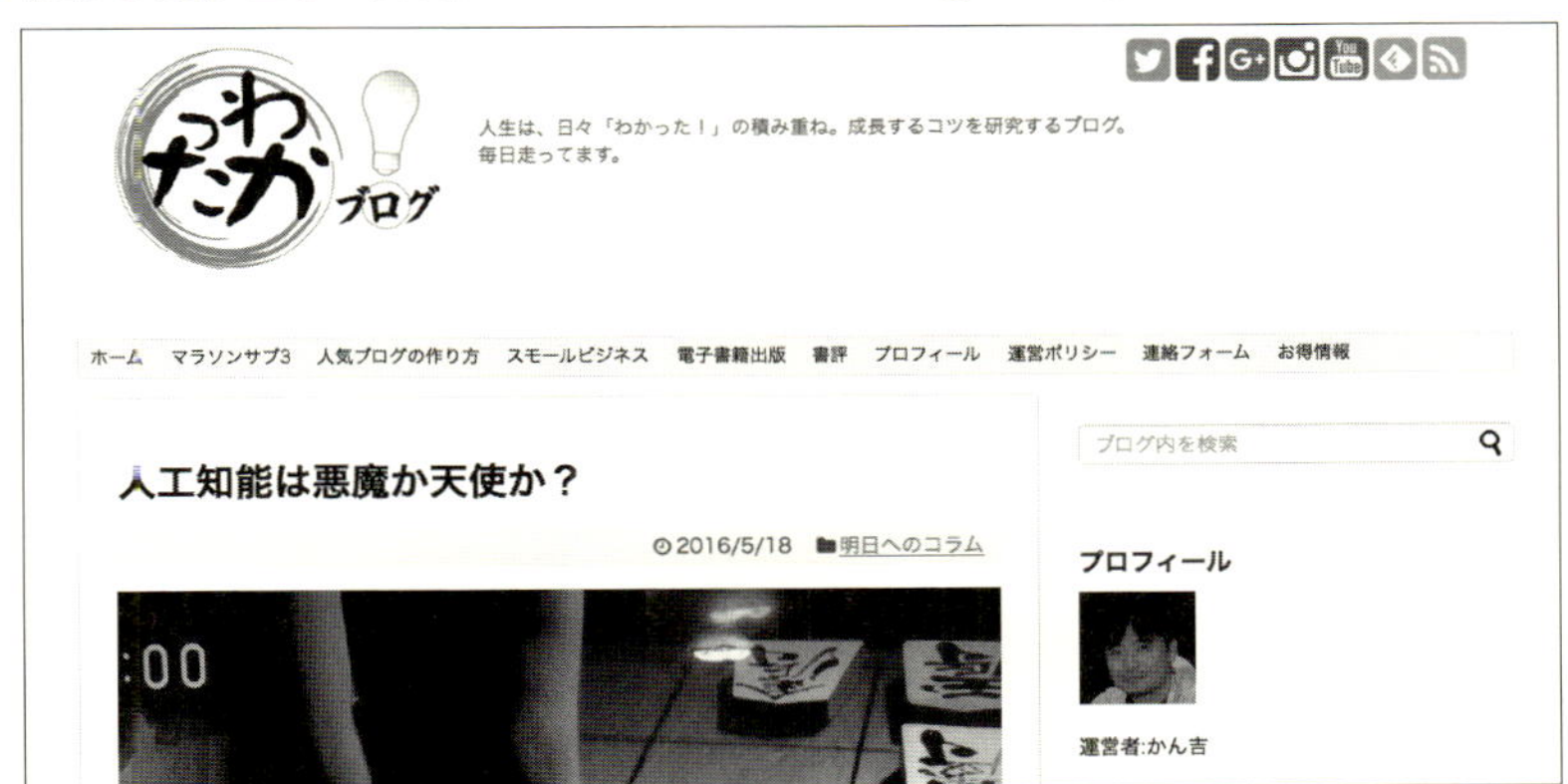

すべての出来事がネタになる

「よく毎日ブログが書けるね」と不思議がられるのですが、ブログを書き続けていると、毎日の出来事がすべてブログのネタになることに気づくようになります。読書や趣味、仕事、日々の生活の中には、ブログの記事になるヒントが隠されています。丁寧に生活することで、日常に隠れたヒントを見つけることができるのです。面白そうなこと（場所）には、積極的に顔を出すようにしています。行動量に比例して、ネタは積みあがります。

さらに、ひらめいたことはその場でスマートフォンにメモしています。人間は忘れっぽい生き物なので、「**記憶から消えないうちに記録に残しておく**」わけです。**Evernote**などのメモアプリを使ってもいいでしょう。メールを自分に送ってもいいでしょう。音声レコーダーに自分の声で吹き込んでもいいでしょう。せっかく思いついたことは無駄にしないように過ごしています。

最初のうちは面倒に感じるかもしれませんが、日課になるとメモをしないほうが違和感を感じるようになってきますよ。

ブログを書くときに気をつけること 8

- 自分の書いた文章に間違いがあれば、すぐに修正する
- 思いついたことは記憶から消えないうちに記録に残しておく

3 ブログをはじめて実社会での変化

ブログのご縁つながりで、静岡ライフハック研究会（**http://shizuokalifehack.com/**）を主催するようになりました。静岡ライフハック研究会とは、参加者が主役の「みんなでつくる勉強会」です。この勉強会を表すキーワードが、次の3つです。

❶ 実践的アウトプット
❷ 仕事術をカジュアルに
❸ みんなでつくる勉強会

自分たちの持つ知識や経験を共有することで、参加者の生活スタイルを向上させていくことがねらいになっています。

ほかにも、地元雑誌のコラムニストの仕事をいただくこともありました。趣味で参加しているマラソンレース中、「わかったブログ」の読者から声をかけられることもありました。インターネット上の発信が、実社会に与える影響力は大きいと感じています。

4 ブログから収入を得る方法

「わかったブログ」の収益の軸は広告収入です。特に、**Google AdSense**などのクリック課金型広告と、アフィリエイト（成果報酬型）広告をメインで利用しています。最近の特徴としてはスマートフォンからのアクセスが増えていて、「わかったブログ」も6〜7割がスマートフォンからの読者です。そのため、広告の掲載位置はしっかりとスマートフォンに最適化することが大切です。アフィリエイト広告も、スマートフォンから商品が購入しやすいプログラムを選択しましょう。

今後もスマートフォンからのアクセスは増加するでしょうから、スマートフォン対策は必須項目だと考えています。

電子書籍の出版

そして、最近取り組んでいるのが電子書籍、特に**Kindle**本の出版です。「わかったブログ」の過去記事を編集した電子書籍「人気ブログの作り方：5ヶ月で月45万ＰＶを突破したブログ運営術」

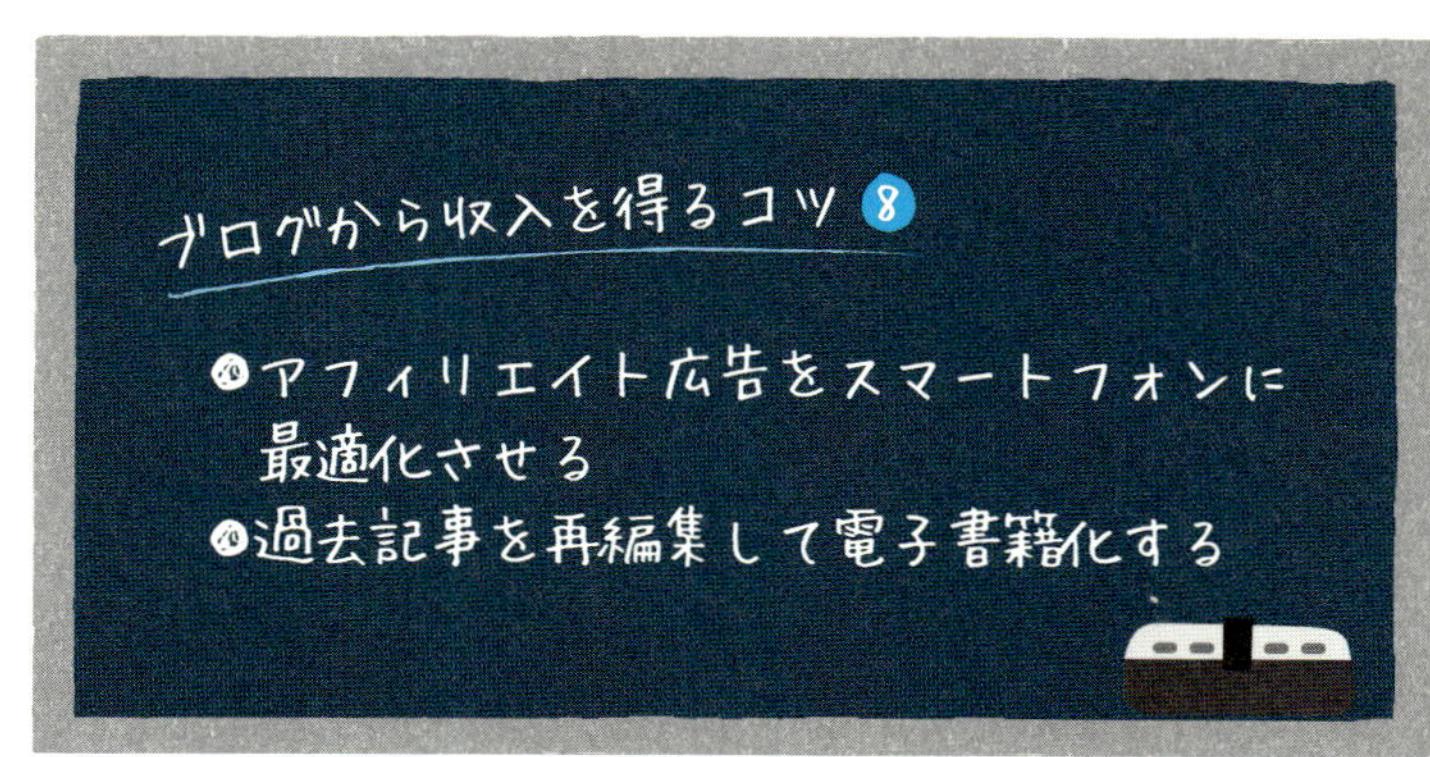

を**Kindle**から出版してみたところ、4カ月で5000部以上売れました。さらに、続編である「ブログ起業：10年9割廃業時代を生き抜くブログ**×**ビジネス戦略」も好評を得ています。また、趣味であるマラソンをテーマにした「1日30分練習でマラソンサブ3・5を達成する方法：忙しいサラリーマンでもできる！」という**Kindle**本も発売しました。

ブログの記事を再編集して電子書籍にすることで、新たな収益を生み出すことも可能な時代になったわけです。電子書籍での販売実績を積むことで、商業出版の道も開けてきます。自分の得意分野、好きなことを発信することで、数多くのチャンスを自分で生み出せるのです。

5 これからブログをはじめたい人に向けてのメッセージ

面白いブログをつくりたいのであれば、まずは自分自身が面白い人間になる必要があります。それには、「**面白い生活をすることが大切**」です。仕事も趣味も家庭も楽しみながらがんばって、その結果をブログに書いていけば、人々の心に刺さるブログになるはずです。

私もこれから、趣味のマラソンの記事をどんどん書いていこうと思っています。好きなマラソンをがんばって、記録にチャレンジし、トレーニング方法やレース結果などをブログで公開していく。自分が体験したことはそれだけでオリジナルですから、どんどん新しいことにチャレンジして人生を、そしてブログを楽しみましょう。

09 ブログで発信することにより自分の価値を世間に届けて仕事につなげる「今村だけがよくわかるブログ」

1 「今村だけがよくわかるブログ」について（今村）

２００８年から運営している「今村だけがよくわかるブログ」。Ｗｅｂ制作全般、地域情報の話題を中心にして書いています。ブログ開始当時は会社員として勤務しており、問題解決型サービス事業の一環として、Ｗｅｂ制作業務の営業職・技術職を兼務していました。その折に、ブログを構築できる「**WordPress**」というシステムを知り、ものは試しに自分でブログを運営してみようと思い、はじめました。

もともとは、自分が日々の業務や独習で覚えた営業的・技術的な内容を残すメモ書きとしてブログを活用し、自分自身があとで振り返るために記事を書いていました。今もそのスタイルは基本的に変わりませんが、自分だけでなく、「**第三者が記事を読んでも理解できるような内容を書くことを心がける**」ようになりました。

2 ブログ運営で気をつけていること

ポジティブな気持ちになってもらう

可能なかぎり記事を最後まで読んでもらって、読者の感情がポジティブな方向に向くように気をつけています。せっかく訪れてくれた読者に、ネガティブな気持ちで去っていかれては意味がありません。私の記事を読んだ結果、自分もチャレンジしてみよう、あの場所に行ってみたい、ついニヤッとしてしまったなど、**「読み手にとってメリットのある、モチベーションにつながるような内容を意識」**して書いています。

そして、記事すべてにおいて読者層を想定し、専門的な用語は平易な言葉に置き換えて、補足や解説をつけ加えています。言葉の意味が通じないという状況も、ネガティブな要素のひとつです。「最後まで読んだけど意味がわからなかった」では、読者の大切な時間を浪費させているだけです。理解できる適切な言葉を使うと、読み手は自分が実行している未来

● 今村だけがよくわかるブログ（https://www.imamura.biz/blog/）

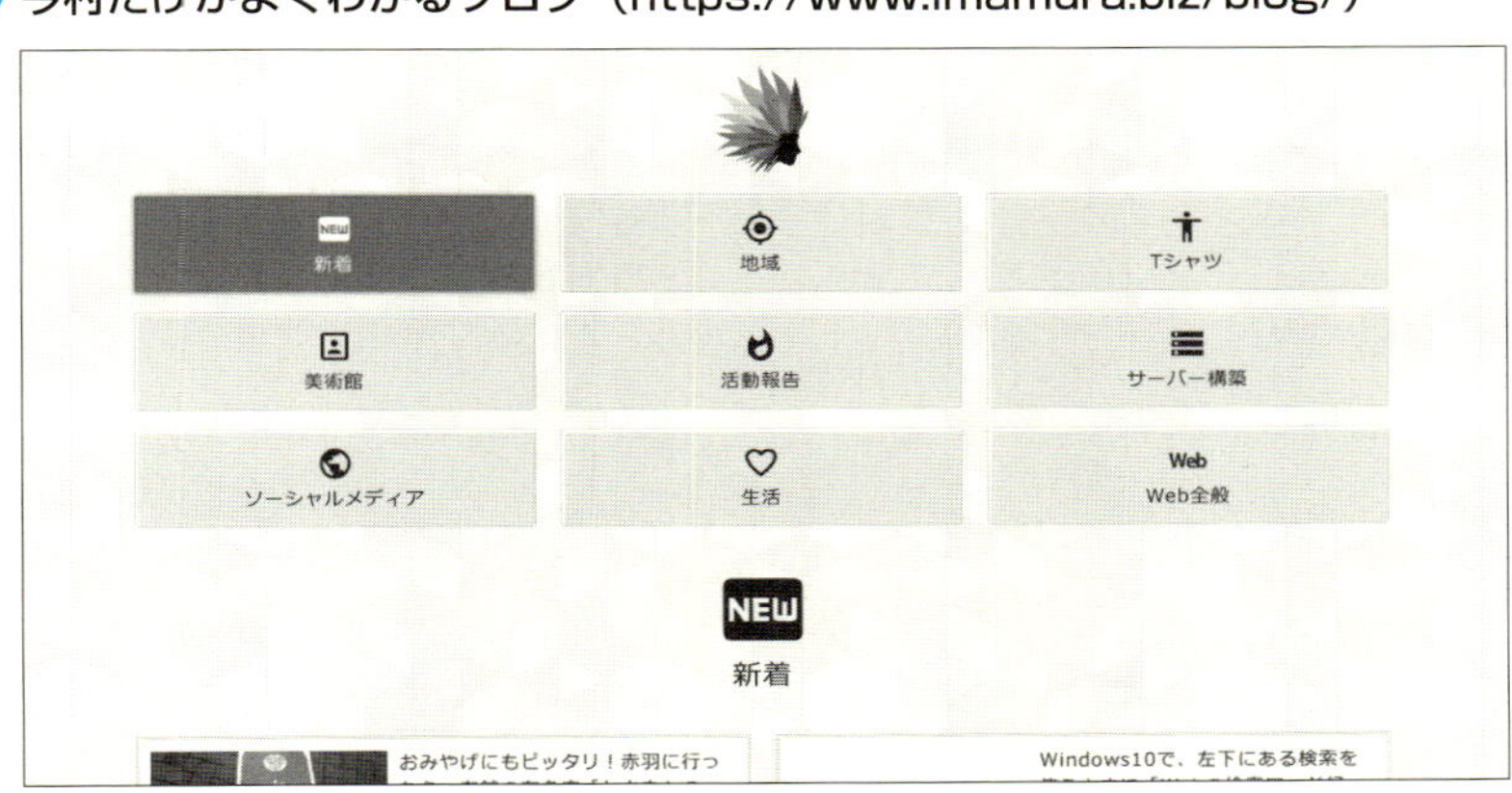

をイメージすることができます。「**自分にもできそうだというポジティブな感情を生み出すこと**」が、私がブログを書く意味になっています。

もちろん、ブログを書くためには自分の知識を増やしていく必要があります。私自身、毎日何かしら調べているのですが、調べたことはすべてブログのネタとなっています。ですから、公開されていない記事は下書きとして、常々数百記事ストックされています。

3 ブログをはじめて実社会での変化

ブログを通して自分自身を知ってもらえる

Ｗｅｂ制作に関する情報を継続して発信し続けた結果、ブログ記事を読んでもらうことで、私の技術力がどのレベルにあるのかを認識してもらいやすくなりました。さらに、仕事に対する取り組み方や理念、哲学まで理解したうえで業務を依頼してきてくれるクライアントが増えました。ブログで情報発信をすることが営

ブログを書くときに気をつけること 9

- 読者がポジティブな気持ちになれるような記事を書く
- 調べものはすべてブログのネタにする

業活動に直結しているので、仕事を請けるうえで大変役立っています。人が検索エンジンで調べものをするときは、何か困っていることがある場合が多いです。インターネット上に適切な解答を発信しておくことで、ピンポイントに困っているクライアントとつながることができるのです。

また、自分の生まれ育った地域や、現在住んでいる地域情報についても発信しています。この行為により、地域周辺の飲食店や各種イベントなどで自分の存在を認識してもらえるようになり、地域社会との関わりを強化することができました。

4 ブログから収入を得る方法

発信する「情報」に価値がある

今、ブログからの収入で生計を立てることが注目されていますが、私はそのスポットライトがあたる前から、Ｗｅｂ制作や技術指導などの仕事を請け負って生計を立てています。広告収入を得ることだけがブログからの収入だと思われがちですが、得意分野

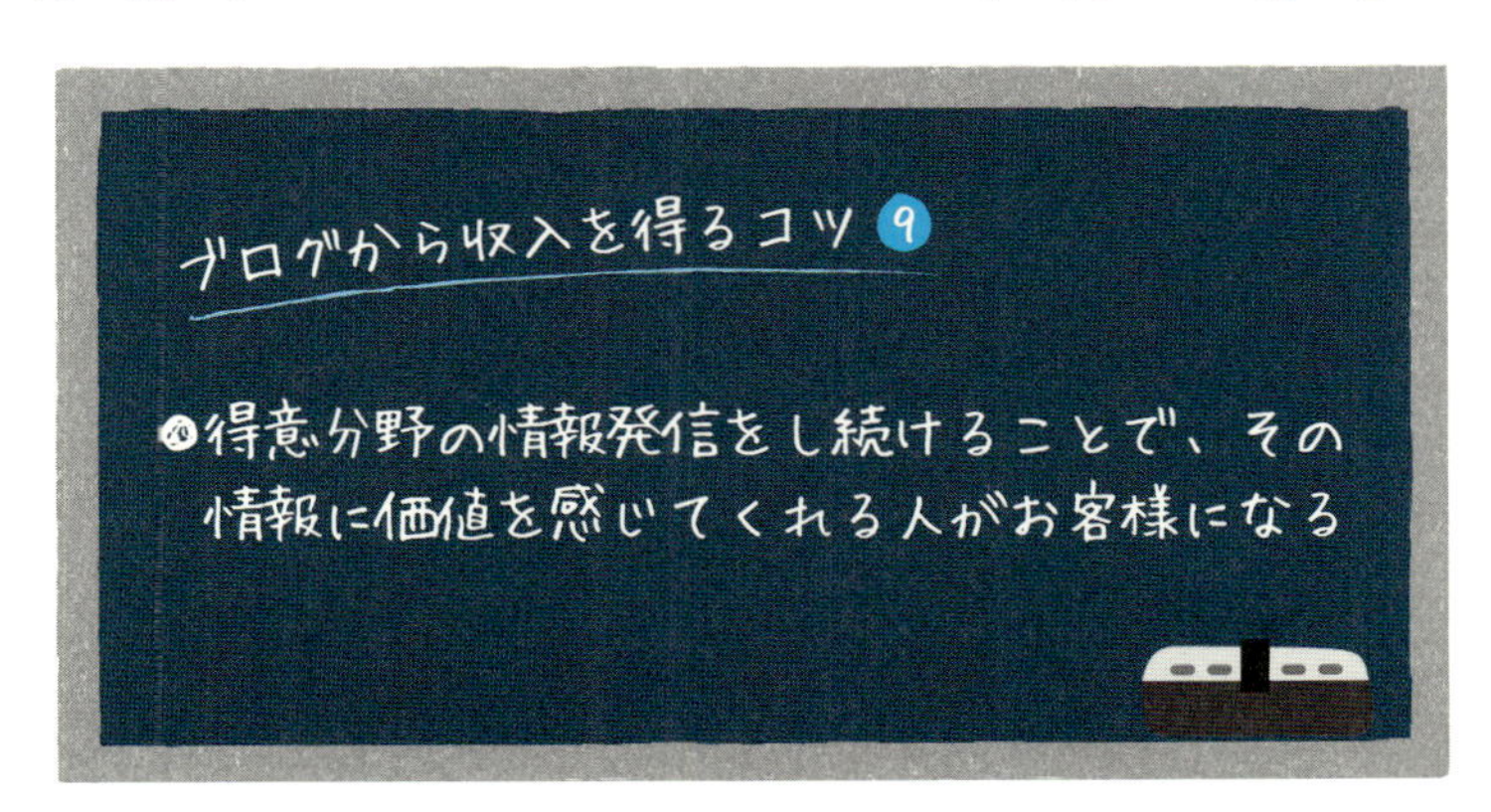

の情報を発信し、困っている人がその記事を読み、プログラムやデザインの仕事を受注するという使い方もあるのです。

私のような技術者だけでなく、飲食店や美容室などのように地域に根づいた商売をしているのであれば、情報を発信するという行為はとても重要です。ブログにかぎった話ではなく、**Facebook**や**Twitter**などのSNSでもかまいません。今日、築地で仕入れた新鮮な魚を**Facebook**に掲載する。雨のときのヘアセットのコツをブログで教えてあげる。そうすると、「**その情報に価値を感じてくれる人がお客様になってくれる**」わけです。

私は、地元のおいしいお店の情報もブログに掲載しています。出身地である富山の情報も積極的に記事にしています（「北楽（ほくラク）」北陸新幹線で旅を楽しもう）。いい物は世の中にたくさんあふれているのにもかかわらず、上手にその価値を発信できる人は決して多くありません。その隠れた価値を文章化することがお店の応援となり、地域の活性化につながると信じています。

- **北楽（ほくラク）北陸新幹線で旅を楽しもう（http://www.hokuriku-shinkansen.net/）**

5 これからブログをはじめたい人に向けてのメッセージ

自分の常識は他人の非常識

ブログでの発信は、自己表現を行ううえでの有効な手段のひとつだと思います。自分が発信する何てことのない情報が、どこかの誰かにとって役に立つことだってあるわけです。自分の常識は他人の非常識なんですね。**「あなたの発信する情報によって助かる人がいるということは、あなた自身がこれまで行ってきた活動や、考え方の正しさを証明する」**ことにもなります。

これからブログをはじめる人は、**「自分を信じてまずはやってみることが大事」**です。書く（発信する）内容は、どんなことでもかまいません。誰だって最初は手探りでスタートしています。日々思っていることや、私のようにメモ書きとして活用するのもお勧めです。

ブログやＳＮＳでの発信を継続的に行うことによって、さまざまな業界の垣根を越え、社会との関わりを持ち、それが好転して地域貢献や自己の成長の足がかりとなれば素敵だなと考えながら、下書きを増やす毎日です。

10 コスメジプシーからコスメ専門家へ、得た知識を次世代へつなげる「世界のコスメから」

1 「世界のコスメから」について（SYO）

２００９年に現在のブログの前身、「コスメブログで人気のコスメお試しブログ☆辛口」というコスメブログを、無料ブログサービスで運営したのがはじまりでした。ファンも着々とついて雑誌の取材を受けるなどの経験もしたのですが、システムエラーなど自分でどうすることもできない状況があり、無料ブログで運営することに不安を感じました。

そこで、独自ドメイン＋WordPressという環境で、現在の「世界のコスメから」というブログ名でリニューアルして運営を開始しました。ブログのテーマは、化粧品などのコスメティックスを中心に、30代女性が好きな美容ネタや旅行ネタなども書いています。

ありのままの自分をブログに

当時私の働いていた会社は副業可だったので、会社に申請をして、会社公認でブログをはじめました。もともと、化粧品のネットショップ担当として働いており、ブログをやるなら絶対にコスメのブログにしようと決めていました。自身の肌が敏感肌&乾燥肌のため、なかなか自分の肌質にあう化粧品がなく、コスメジプシー（放浪者）をしている様子をそのままブログに書こうと思ったからです。

開設当初は、ひたすらコスメのことばかり書いていましたが、今はコスメだけでなく旅行のことも少し書くようになりました。理由としては、自分にぴったりあうコスメが見つかったおかげで、コスメだけを追求する必要がなくなったからです。だから、同世代の女性が好きな旅もテーマに入れようと思ったのです。「**ひとつのテーマにこだわることも悪くはありませんが、関連する情報を増やして、読者層の拡大をねらうのもひとつの運営方法**」だと思います。

ただし、この「関連」というのは本当に重要で、まったく関係のないテーマを入れてしまうと読者は戸惑います。近隣するテーマを選ぶことがポイントです。

● 世界のコスメから（http://world.cosme-blog.com/）

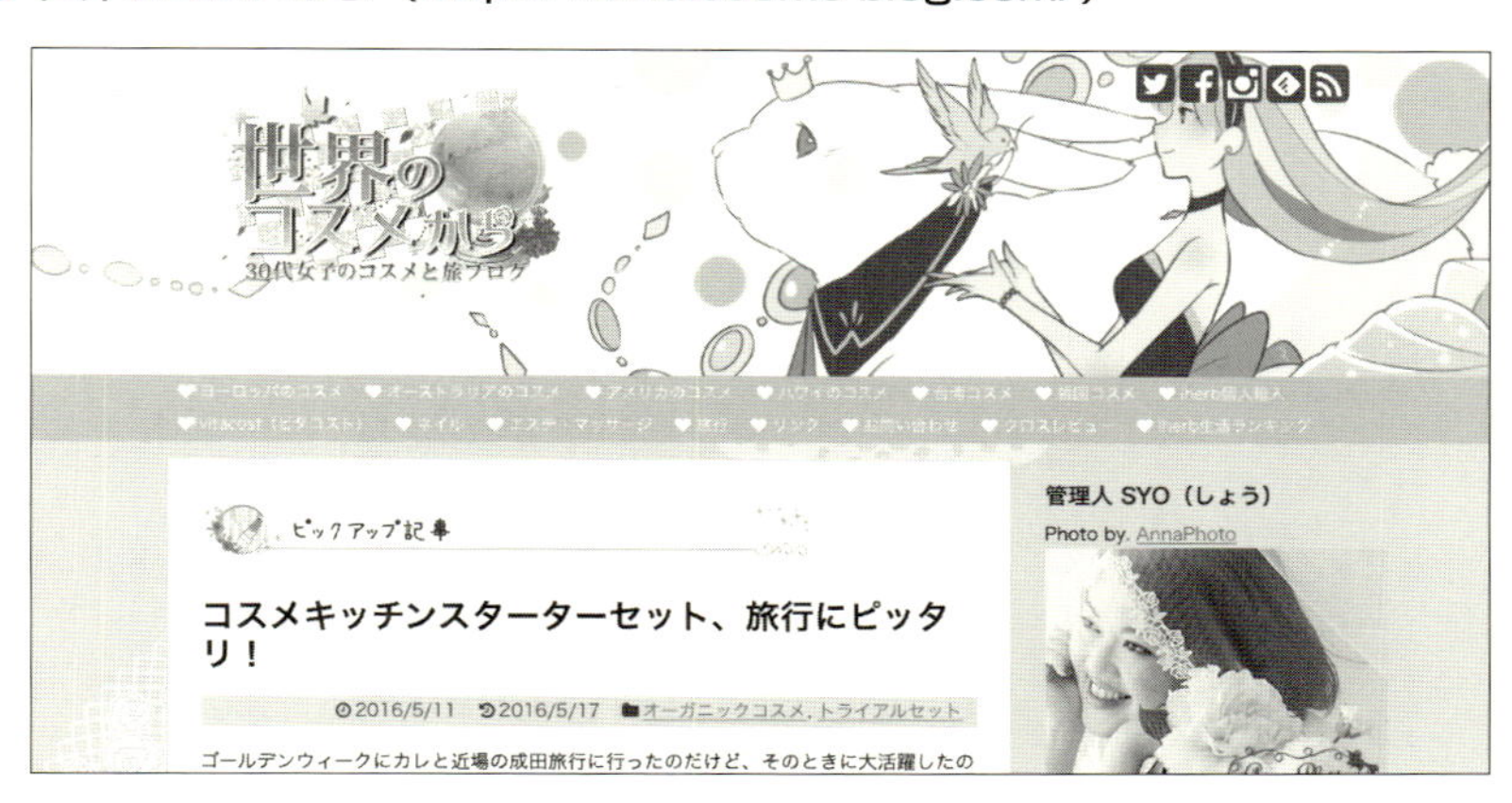

2 ブログ運営で気をつけていること

私は自分が感じたこと、思ったことをそのまま読者に伝えようと文章を書いています。それは、自分が第三者のブログを読んだときに知りたいことだからです。その知りたいことは次の3点です。私自身、この3点に注意しながらブログを運営しています

❶ ウソを書かない
❷ 正直な気持ちを書く
❸ いいことばかり書かない

自分勝手に書かない

アクセス数がほしい、収益がほしいという自分勝手な気持ちが全面に出すぎているブログには、ウソが書かれていたり商品に対して過大な評価を与えていたりすることがあります。その商品を実際に手に取ってみると、自分が期待していたものとは違った印

ブログを書くときに気をつけること 10

- ウソを書かない
- 正直な気持ちを書く
- いいことばかり書かない

象を受けることもあります。そのような残念な気持ちを、自分のブログの読者には味わってもらいたくないのです。

そして、文章は簡単な言葉で、誰でも理解できるように書くことにしています。専門用語はできるだけ噛み砕きます。読み手によって業界の理解度や語彙力は違うので、日常的に使われるような言葉を使うよう心がけています。

また、ブログネタは自分で動いて探すタイプです。パソコンの中、インターネットの中には独自性の高いネタはありません。「**自分の足でネタを探し、体験し、感じ、考え、それを文章化するのが1番効率的**」だと考えています。

3 ブログをはじめて実社会での変化

ブログをはじめてから、化粧品会社から商品の提供やプレス向けイベントへの招待、招待旅行があったりするなど、普通の会社員ではできない経験をさせていただいています。さらに、ブログからの収益のおかげで独立し、個人事業主として生計を立てられるようになりました。また外部の旅行メディアや美容メディアに、ライターとして参画できるようにもなりました。

現在では自分のブログやメディアで執筆するだけでなく、ブログ運営やアフィリエイトの勉強会を行ったり、ネットショップのコンサルティングを行ったりと、次世代の教育にも取り組んでいます。

4 ブログから収入を得る方法

まずは「**毎日ブログを書くことからはじめるのが1番簡単で、1番重要**」です。テーマを絞って、できれば1記事８００文字以上、毎日更新してみてください。まずはそこからスタートです。テーマは得意分野、あるいは好きな分野を取り扱うことをお勧めします。

先述したとおり、私の場合はコスメジプシーだったこともあり、コスメを中心としたブログテーマにしましたが、旅行が好きなのであれば観光情報を、スマートフォンが好きなのであればアプリや格安スマホの情報を取り扱うブログを運営してもいいでしょう。みなさんの得意とするテーマの中から、親和性の高い収益化方法を見つけ出せばいいのです。

そして、アフィリエイトリンクは全記事に貼る必要はありません。「**10記事に1記事アフィリエイト記事があれば十分**」です。最初のうちは良質なコンテンツを作成することが1番大事なので、読み手が喜んでくれるような記事を書くことに注力しましょう。

ブログから収入を得るコツ 10

- １記事８００字以上、毎日更新
- １０記事に１記事、アフィリエイト記事

5 これからブログをはじめたい人に向けてのメッセージ

続けることで道はひらける

　ブログで稼ぐことは簡単ではありません。でも、毎日積み重ねていけば決して不可能なことでもありません。私もブログを通じて、さまざまな体験をすることができました。ブログ運営で得た知識、経験をもとに3つの目標を立てています。

　ひとつ目は、今のメインの仕事であるECコンサル&アフィリエイト運用コンサルの仕事を今後も伸ばしていくこと。2つ目は、旅ライターとして世界中をまわりながら情報発信していくこと。そして3つ目が、女性アフィリエイター・ブロガーの育成です。ワークショップやセミナーを開いて女性ブロガーの育成をしつつ、それだけではなく個人の魅力を花開かせるような、パーソナルなカウンセリングも行っていきたいです。

　「ブログで稼ぐのは筋トレと同じ」です。**「目先の利益にとらわれず、読者に有益な情報を書き続けることできっと成果が出る」**と思います。がんばってください。いえ、一緒にがんばりましょう。

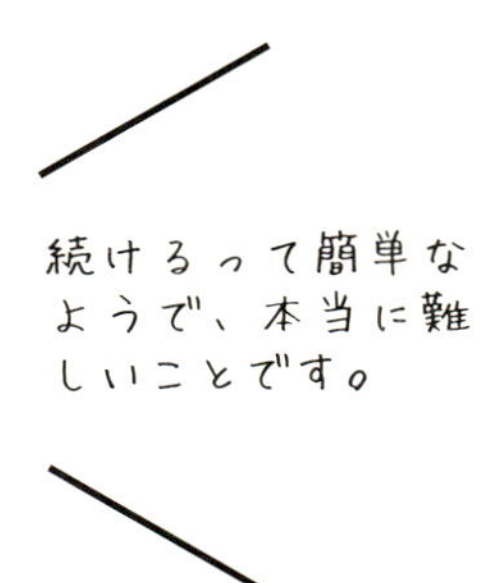

11 会社員と人気ブロガーを両立するには「無理をせず」「継続」すること「男子ハック」

1 「男子ハック」について（野村純平）

「男子ハック」は、２０１０年11月に「インターネットで面白いことがやりたい」という理念ではじめました。おかげさまで月間２００万ＰＶを超え、外部のニュースメディアと提携するなど、多くの人に見てもらえるようになりました。男子ハックは一般的な個人ブログと違い、２人で運営しています。２人でWordPressをゼロから勉強し、どういった戦略で人気ブログをつくるかを考え、準備期間に3カ月かけてブログをスタートさせました。

会社員と両立しながら、２人で運営

ブログ開設から2年くらいは「Mac」「iPhone」「Webサービス」「ライフハック」と、テーマを絞って発信していました。しかし、身近な友人に「男子ハックに書いてあることは難しい」と

言われたことをきっかけに、「身近な友人が読んでも面白い」情報を発信するように方針を変更しています。方針変更したことによって離れてしまった読者もいますが、より多くの人を対象としたブログメディアになったことでPVも倍増し、身近な友人にも読んでもらえるようになりました。今でも**iPhone**や**Mac**、Webサービスを中心にはしていますが、1番大事にしているのは「**インターネットが好きな男性が興味のある情報を発信する**」というスタイルです。

本格的にブログ運営をはじめて約5年が経ちますが、2人で運営しているということもあってか、ブログをやめようと思ったことはありません。2人でブログをやることでモチベーションも維持できますし、今では1番の趣味であり生活の一部になっています。

なお私の場合、ブログの広告収入で生活する専業の、いわゆるプロブロガーではなく、日中は企業に勤めながらブログを運営しています。

● 男子ハック（http://www.danshihack.com/）

2 ブログ運営で気をつけていること

何においても、「無理をしない」

ブログ運営で最も気をつけているのは、「**無理をしないこと**」です。読者のために「無理をする」、PVアップのために「無理をする」、収益化のために「無理をする」というように、無理をしながらブログをやっていても面白くありませんし、それは決していい状態ではないと思います。無理をしすぎて「不自然な状態」になったとき、読者や自分にとって悪いことが起こっているはずです。新しい挑戦をするなという意味ではなく、自然体で継続できることを大事にしています。また基本的なことですが、「**誰かをおとしめる、傷つけるような情報発信はしない**」ように心がけています。

更新のための準備を怠らない

男子ハックの更新のために、1日約5000〜6000本の

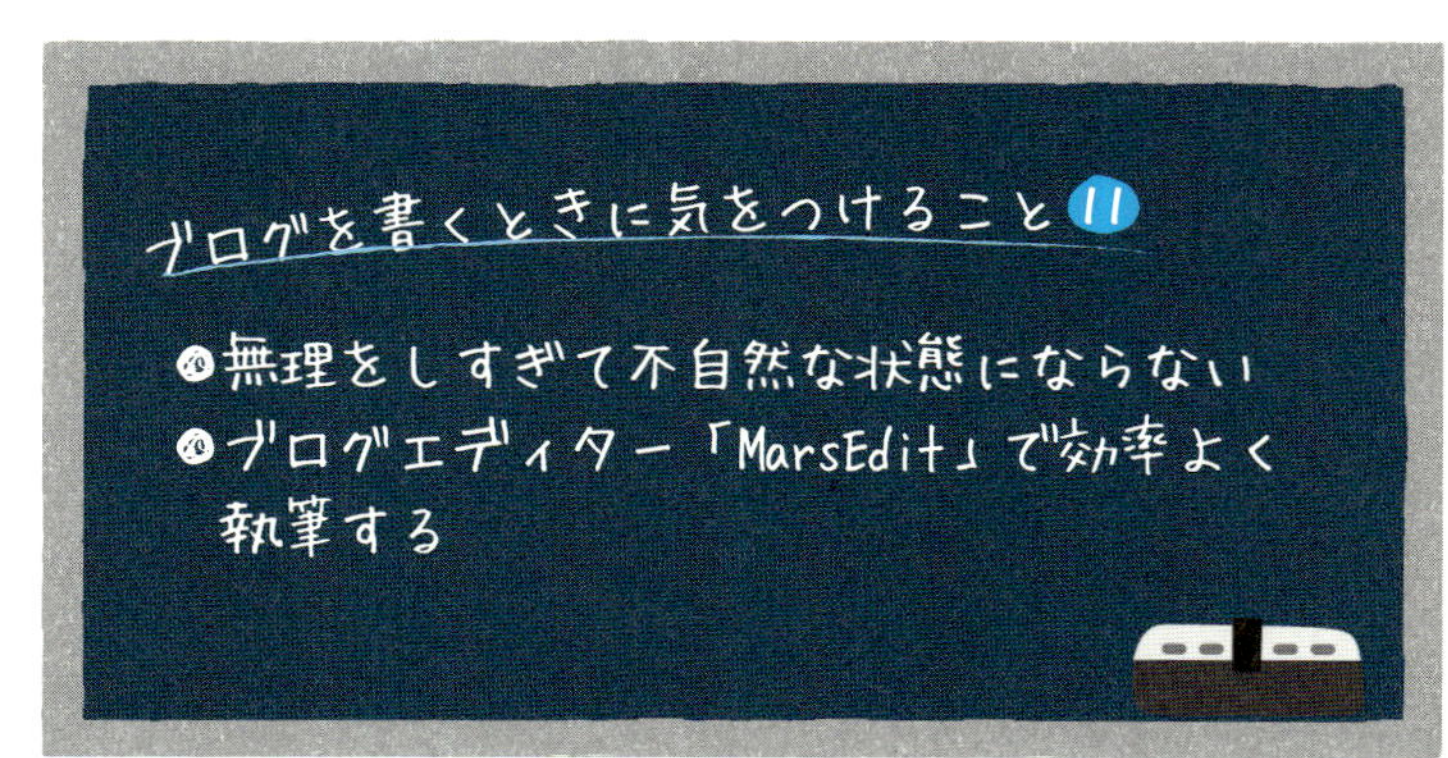

ニュースをチェックしています。自分のブログの1番の読者は自分だと思っているので、「**ブログ記事にする際の選定基準は〝自分が興味を持つことができるか〟**」という点になります。

昨今、インターネット上には多くのメディアが生まれ、そして消えています。ブログが有名になり、人気が出るほど「情報の正確さ」や「情報の取り扱い（著作権など）」について気を遣うようになりました。また、サラリーマンをしながらブログ運営をしている身としては、ブログ執筆に多くの時間を費やすことができません。どうしたらブログを効率よく書くことができるか、日々試行錯誤しています。「**効率化するために役立っているのが、MarsEditというMacアプリ**」です。非常に使い勝手のいいブログエディターで、ブログ執筆には欠かせないアイテムになっています。

3 ブログをはじめて実社会での変化

「兼業」の強み

ブログをはじめて1番変わったのは、「仕事」に対する考え方です。サラリーマンをしながらブログ運営をしていますが、収入だけの面で見るとサラリーマンよりブログ収入のほうが多くなっています。

本業以外に収入があると、仕事に対する向きあい方が変わります。私自身はサラリーマンを辞めるつもりはまったくないのですが、もし仕事が急になくなっても生きていける環境があると、気持ちに余裕ができます。また、インターネット上だけでなく実生活において、会社や仕事以外の交友関係が広がるというのも大きな変化です。

「専業ブロガー（プロブロガー）にならないのですか？」と、よく質問されますが、今のところ専業になるつもりはありません。これからも会社員の傍ら、「男子ハック」を続けていくつもりです。「もっとPVを！」「もっと収益を！」というよりも、「**あたりまえのようにブログを続けていくことができたらいいな**」と思っています。

4 ブログから収入を得る方法

ブログからの収益は、「**Google AdSense**」「アフィリエイト」「純広告」「記事広告」「イベントへの登壇」「ウェブメディアコンサルティング」など、多岐に渡っています。本業をおろそかにできないので、基本的にはブログ内からの広告収入がメインになっています。

ブログから収入を得るコツ 11

- 広告を貼る場所をテストしながら最大化できるように調整する
- ブログの読者と親和性の高いkindle本を積極的に紹介する

最大化と分析を

Google AdSenseや純広告などは、掲載位置をテストしながら最大化できるように調整するだけでも、収益には大きな変化があります。サイドバーよりも、記事タイトル下や本文の最後に配置をしたほうが、読者の目に入りやすい傾向にあるようです。また、最近ではユーザーの半数以上がスマートフォンからの閲覧という状況なので、モバイルに最適化した配置を意識する必要もあります。

純広告や記事広告などは、ブログを続けていくと自然と問いあわせが増えていきました。アフィリエイトについては、「男子ハック」では**Kindle**本が最も売れています。**Kindle**でセールが行われたときにブログで紹介しているのですが、これは「男子ハック」の読者に**Kindle**ユーザーが多く、ほかのブログと比較しても購読してくれている人が多いからだと分析しています。

5 これからブログをはじめたい人に向けてのメッセージ

ブログで成功した人の共通点は「継続」です。ただブログの更新を続ければいいということではなく、**「成功するために必要な努力や試行錯誤、仮説検証のプロセスを〝継続〟する」**ことが大事です。

筋トレと一緒で、正しい方法で継続することができれば確実に自分の力になっていきます。がんばって**「無理をせず〝継続〟」**してください！

12 パーソナルで属人的な内容を似た環境の読者に届けること「blog@narumi」

1 「blog@narumi」について（鳴海淳義）

2013年10月に運営をはじめた「blog@narumi」。私が食べたもの、買ったもの、読んだ本、考えたことなどを丁寧に説明するという、普通の日記のちょっと詳しい版みたいなブログです。これをやってみたら楽しかった、面白かった。そういうポジティブな情報を発信して、読者の人たちによりいい体験をしてもらいたいと思って記事を書いています。

ブログをはじめたきっかけは、ライブドアブログでの「xxx.blog.jp」というドメインを無料で取得できるというキャンペーンからです。何も考えずに「narumi.blog.jp」というURLを取得して、その日からとらえどころのない日記のような文章を書きはじめました。ブログを書くのははじめてだったのですが、日常をテーマにしていたので、会社員でも無理なく1年間ほぼ毎日書き続けられました。幸いにも多くの人に読んでいただき、今でも続いています。

2 ブログ運営で気をつけていること

最初のころは、ネットで話題になるコツをいろいろと実験し探していました。仮説を立てて記事を書き、ネット上での広がり方を検証し、それをもとにまた記事のネタを考えて実践して……。アクセス数を伸ばすためのさまざまな方法を試してみるのが楽しかったのです。

1年前くらいからは数字を意識せず書くようになり、より「自分の家」らしさが出てきたと思います。記事の質はそれほど変わりませんが、よりパーソナルな内容になってきていると感じます。属人的な記事が似た環境の読者に届いて、何らかのポジティブな反応につながるのがとてもうれしいです。

インターネットの外に出よう

私が記事のネタを探す際に心がけていることは、「**インターネットの外から探す**」ということです。インターネットの情報の再生産は不毛ですし、誰でもできるので私がやることで

● blog@narumi（http://narumi.blog.jp）

もないと思っています。街を歩いて目に入ったもの、お昼にたまたま入ったレストラン、友達に連れて行ってもらった飲み屋など、自分で体験したことを自分らしい言葉で表現するようにしています。ネタ探しにネットを徘徊することはほとんどなく、まず外に出てひたすらメモをとる、という方法です。

スマートフォンでの読みやすさを優先

また、今はスマートフォンで読む人がほとんどなので、**「日本語的な正しさよりも、スマートフォンでの読みやすさを意識」**して文章を書いています。「です・ます」と「だ・である」の混在もありますし、「ら抜き」言葉もあります。スマートフォンの小さい画面で見て読みやすければ、日本語ルールは無視というのが私の中のルールです。漢字が続くときは簡単な言葉でもひらがなにしたり、話題が切り替わっていなくても2〜3行ごとに段落を変えたり、写真を頻繁に配置したりするなど、パッと見の読みやすさを大事にしています。語彙的にも難しい言葉は使わないようにしています。

ブログを書くときに気をつけること 12

- 数字を気にしすぎず、パーソナルな内容を発信する
- ネタはインターネットの外から探す
- スマートフォンでの読みやすさを意識する

3 ブログをはじめて実社会での変化

自分の場所で書くということの大切さ

出版の依頼が数件あり、「やせたいならコンビニでおでんを買いなさい」（日経BP社）というダイエット本を出版しました。もともとNAVERまとめで自分のダイエット記録をまとめていましたが、出版関係のお話をいただくのはブログで情報発信をはじめてからのほうが圧倒的に多いように思います。**「自分の場所で書くということが大事」**なのかもしれません。

また、ウェブメディアでの執筆依頼も相当数にのぼりました。オウンドメディアブームの近年、たくさんの企業が自社メディアをつくりながらも、書き手がいない、コンテンツがつくれない、つくっても埋もれる。そんなあたりまえの課題を抱えており、結果的にわれわれのようなブロガーにも声がかかっている状況です。一時期は月間20本以上の締め切りがあり、大変ながらも充実した毎日でした。

将来的にはブログ発のオリジナル商品をつくってみたいと考えています。飲食店とコラボとか、おでんの具とか、何でもいいのでブログを通じて実世界とのつながりを持てたら楽しそうだなと思います。

4 ブログから収入を得る方法

本業は会社員ですから、ブログから収入を得たいという気持ちはそれほどありません。ただ家賃くらいはまかなえたらうれしいという考えで、ブログ内に**Google AdSense**を配置したり、記事との親和性の高い商材のアフィリエイトリンクを挿入したりしています。自分が本当に面白いと思って紹介した本や映画など、体験にもとづく記事にだけアフィリエイトリンクを貼ることでも効果は出るはずです。「**読者の満足度をまずは追い求める**」。その結果としてアフィリエイトや**Google AdSense**で収益があがればいいと思っています。その優先順位は今後も変わらないようにしていきたいです。

報酬以上の経験にもつながる

タイアップ（広告）記事も請け負っていて、企業の製品やサービスの広告記事を執筆し、掲載する代わりに広告料をいただいています。過去に、インターネットサービスやスマートフォンアプ

ブログから収入を得るコツ 12

- 読者の満足度を追い求めた記事をつくる
⇒その先に収益がある
- タイアップ記事を請け負うのも、収益化のひとつの手段

り、ガジェットなどの広告記事を書きました。まず企業のマーケティング担当者から出稿の依頼があり、打ちあわせをして記事を書くという流れなので、緊張感を持ってブログが書けるところがよかったと感じています。自分の思うままに徒然と文章を書くのもいいですが、たまには「**企業とタイアップし仕事としてきっちりと記事を書くのもメリハリがあって楽しい**」です。報酬以上の経験が得られたと思います。

5 これからブログをはじめたい人に向けてのメッセージ

ブログは「はじめたい」と思った途端にはじめられるものなので、さっそくひとつ目の記事を書いてみるのが大事だと思います。ブログ名は何にしようか、デザインはどうしようかなどと悩んでいると、あっという間に3年くらい経ってしまうので、名前もデザインも適当なままで、まずは1カ月書いてみましょう。とにかく、動くということが重要です。

13 みんなが困っていることを解決する　それこそが地域メディアの役目「とよすと」

1 「とよすと」について（瀬長明日香）

２０１４年４月から、東京都江東区の豊洲エリアに関する情報を発信する地域メディア「とよすと」を運営しています。「とよすと」は豊洲で働く人・住む人・遊ぶ人にとって役に立つ情報、たとえばサラリーマンにうれしいコストパフォーマンスのいいランチのお店や、電源コンセントを自由に使えるカフェの場所、豊洲で開催されるイベント内容、区役所に行くにはどのバスに乗ったらいいかといった情報を掲載しています。街を歩いて気づいたことはどんな小さな変化でも拾って記事にし、読者のみなさんに喜んでもらえるようなサイトづくりをしています。

私が困っていることはみんなも困っているはず

豊洲をテーマにしたブログやサイトは複数あるのですが、不動産関連をメインとした情報ブログが多く、どちらかというと対外的な情報ばかりで豊洲に住んでいる人にとっての情報は多くありませんでした。私は結婚と同時に豊洲へ引っ越してきましたが、すぐにパスポートを更新する必要に迫られました。そのときに「豊洲のどこでパスポートをつくればいいいんだ？」と困ってしまったのです。同様に、区役所の場所や免許証の更新といった生活に必要な情報も見つかりませんでした。「**私が困っていることは、みんなも困っているに違いない**」と思ったことが「とよすと」をはじめたきっかけです。

豊洲の発展とともに

豊洲はＩＨＩやＮＴＴデータ、日本ユニシスといった大企業の本社が集まる一方で、タワーマンションや昔ながらの集団住宅も混在している街です。また、映画館やキッザニア東京のあるアーバンドックららぽーと豊洲には終日多くの人が訪れるほか、豊洲駅はゆりかもめの始発・終着駅で、東京メトロ有楽町線との乗り換え駅でもあるため、埼玉・池袋などとお台場や有明エリアをつなぐ重要な拠点にもなっています。

● とよすと（http://toyosu.tokyo）

２０１６年11月には中央卸売市場が築地から豊洲に移転します。２０２０年に予定されている東京オリンピック・パラリンピックでは、豊洲のすぐ隣の晴海や有明で競技の開催や選手村が建設される計画で、将来的にも盛りあがるエリアです。今の街の姿を発信するだけにとどまらず、今後もめまぐるしく発展していくであろうこの豊洲と周辺エリアの情報を発信していくことに、やりがいを感じています。

2 ブログ運営で気をつけていること

地域メディアですから、常に豊洲、江東区、湾岸、お台場などといったキーワードには敏感に反応するように心がけています。プレスリリースやＳＮＳなどネット上の情報はもちろんですが、テレビのニュースや区報、歩道に設置された町内の掲示板も必ず毎日見ています。

そして「**何よりも重要視しているのは、街中を歩くこと**」です。釣りをしている人を見かけたときは豊洲の釣り可能エリアを調べて記事にしたり、ららぽーと豊洲に行った帰りに遠回りして公園

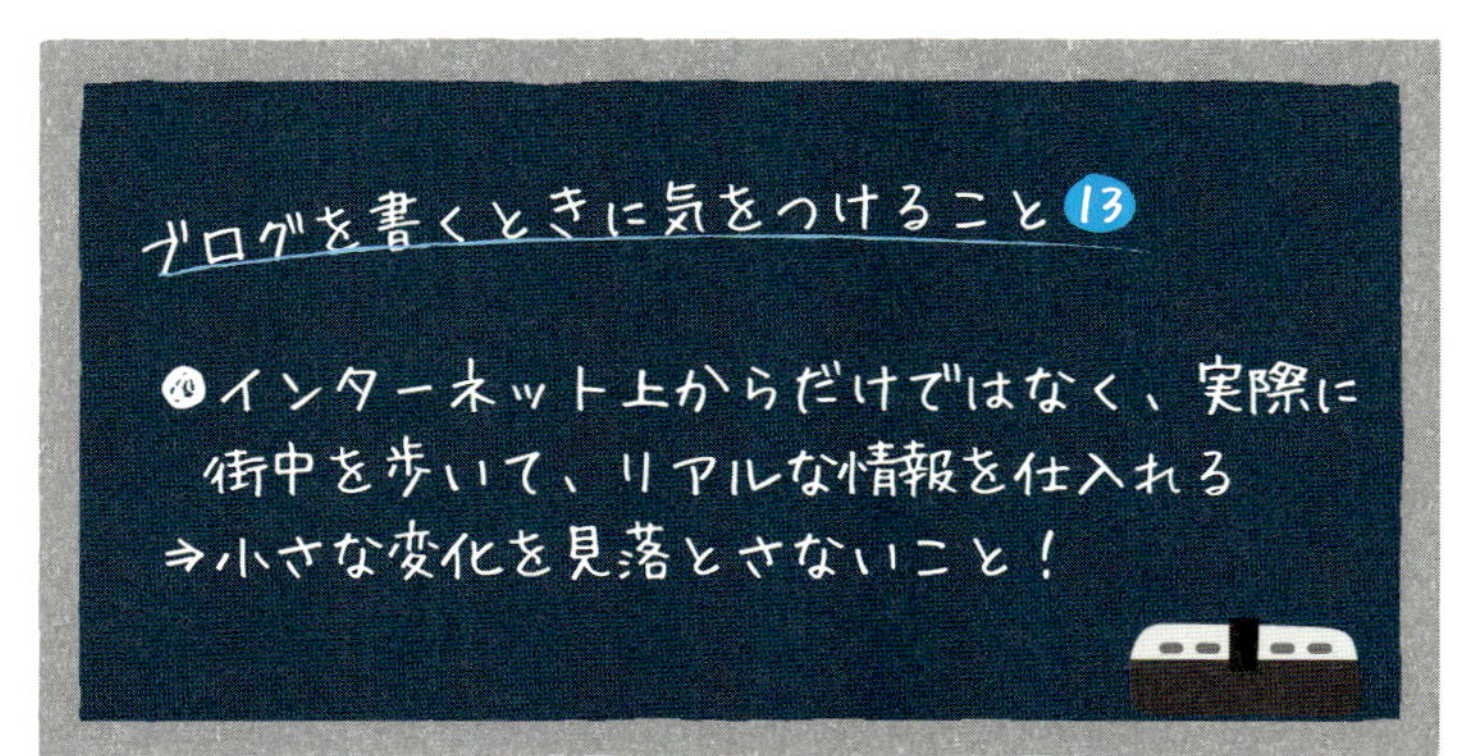

の桜の開花状況を目で確認したり、ときには夜に妻と一緒にウォーキングしながら街の変化に気づくこともあります。1時間もあれば1周できてしまうコンパクトな街ですが、常に情報や施設がアップデートされているので、その「**小さな変化を見落とさないように**」しています。

リアルな場でも頼りにされるメディアへ

今後はもっと豊洲の人々と密になって、楽しみながら自然といろいろな話ができる関係を築きたいと考えています。スマートフォンやＩＴが苦手で困っているお年寄りもいるでしょうから、そういった人たちの手助けなど、「**インターネット上だけでなくリアルな場でも役に立ちたい**」と思っています。「とよすとに書いてあったよ！」と人が人に勧めるようなメディアになれるよう努力していきたいです。

3 ブログをはじめて実社会での変化

私にとってブログ運営は、歯磨きや睡眠と同じように生活の一部になっています。２００８年からブログ「め～んずスタジオ」を運営し続けてきたことからこんな身体になってしまったのですが、頭の中では常に記事のことばかり考えています。書き忘れているネタはないか、みんなはどんな情報を求めているのかなど、「**読者の視点を忘れずに情報を提供**」しています。

開設からまだ2年ばかりの若いウェブサイトですが、早い段階で企業からプレスとして発表会に呼んでいただいたり、マスコミ向けプレイベントを取材させてもらったりしています。その分、情報の精度には細心の注意を払っており、地域メディアとして信頼していただけるよう責任ある対応をとっていると自負しています。

4 ブログから収入を得る方法

現在「とよすと」では**Google AdSense**とアフィリエイト広告を利用しています。**Google AdSense**は、テーマを絞らずにさまざまな種類のコンテンツを掲載している「め～んずスタジオ」よりも、地域情報に絞って情報を発信している「とよすと」のクリック単価のほうが高めの傾向にあります。おそらく、不動産や交通関連の広告が成果をあげているのかと思います。

また、アフィリエイトについては豊洲の活況な住宅事情から不動産関係の広告が好調です。「**今後はマンション暮らしの人にとって便利なサービスを実際に利用して、自分がいいと思った情報を公開して、アフィリエイトと結びつけて収益化したい**」と考えています。

ブログから収入を得るコツ 13

- 記事と読者にあった広告を選ぶ
- ウェブサイトで扱っているテーマの現状に則したサービスや商品を紹介する

5 これからブログをはじめたい人に向けてのメッセージ

ブログをはじめるきっかけはとても大事です。きっと、今ブログをやっている人は何か自分の心を動かされることがあって書くことにしたはずです。まだブログをはじめていない人には今後そういったきっかけが訪れるかもしれません。

ただ、ブログをはじめるのは簡単ですが、続けていくことは非常に難しいです。「**どうしてブログを書くのか、何をどんな人に読んでもらいたいのか、そういった自分の〝立ち位置〟を決めておくと気持ちが楽になり、続けることができます**」。とはいえ、何事もやってみないとわかりません。まずは気軽にはじめて、書くことに慣れてきたらしっかりと目的や読者のことを考えながらブログを続けてみてください。

きっと誰かの役に立つ

ブログは「書いておいてよかった！」とあとから思えるものです。書くか書かないかで迷ったら、5行程度の短文でもいいので絶対に書きましょう。その記事が100万人にとってまったく役に立たない内容だとしても、どこかで困っている10人には役立つかもしれません。それを判断するのはあなたではなく、世界の70億の人々です。ブログのチカラはあなたが想像する以上に大きいですよ！

14 読者からの信頼こそがブログの肝 ギブ&ギブの精神で記事を書こう「ノマド的節約術」

1 「ノマド的節約術」について（松本博樹）

２０１１年５月、収入のあてがまったくない状態で会社を辞めてしまった私は、生活スタイルを見直しローコストな生活を目指して、節約をすることを決心しました。そこで、どうせ節約生活をするならその工夫を面白おかしく書いていけばいいのでは？　と思い、ブログ「ノマド的節約術」を書きはじめることにしたのです。

もともとプログラマーで、WordPressでサイトの制作ができるようになりたいという思いもあり、自分で勉強しながらデザインして記事も書くというスタイルで運営していました。稼ぐことを目的につくったサイトではなく、インプットとアウトプットの場として使っていたわけです。

運営しながらずっと思い続けていたのは、「ノマド的節約術」を信頼できるお金の情報サイトとして、１人でも多くの人に認知してほしいということです。単なるお得情報が集まっているお金の情報サイトではなく、「**最も大切なのは信頼できるかどうか**」だと私は考えています。もともとは、自分がお金に困ったことがきっかけではじめたブログですが、学んだことを書き続けていくうちに、お礼のメッセージをいただくことが増えてきました。本当にありがたいことで、そう言っていただけるブログであり続けたいと思いながら運営しています。

2 ブログ運営で気をつけていること

日常では、ブログの信頼度や価値を高めることを意識しています。なぜならブログは私の分身であり、そのブログを通して私自身も他人からの評価を受けているからです。ブログの価値を高めることが、結果的には自分自身のブランディング向上につながるので、仮にブログがなくなっても生きていけるようにしていくための施策でもあります。

また、私は自分で文章がうまいとは思っていません。そんな私が記事を書くうえで心がけているのは、「**1対1で直接自分が話しているかのような雰囲気にする**」ことと、「**上から目**

● ノマド的節約術（https://nomad-saving.com）

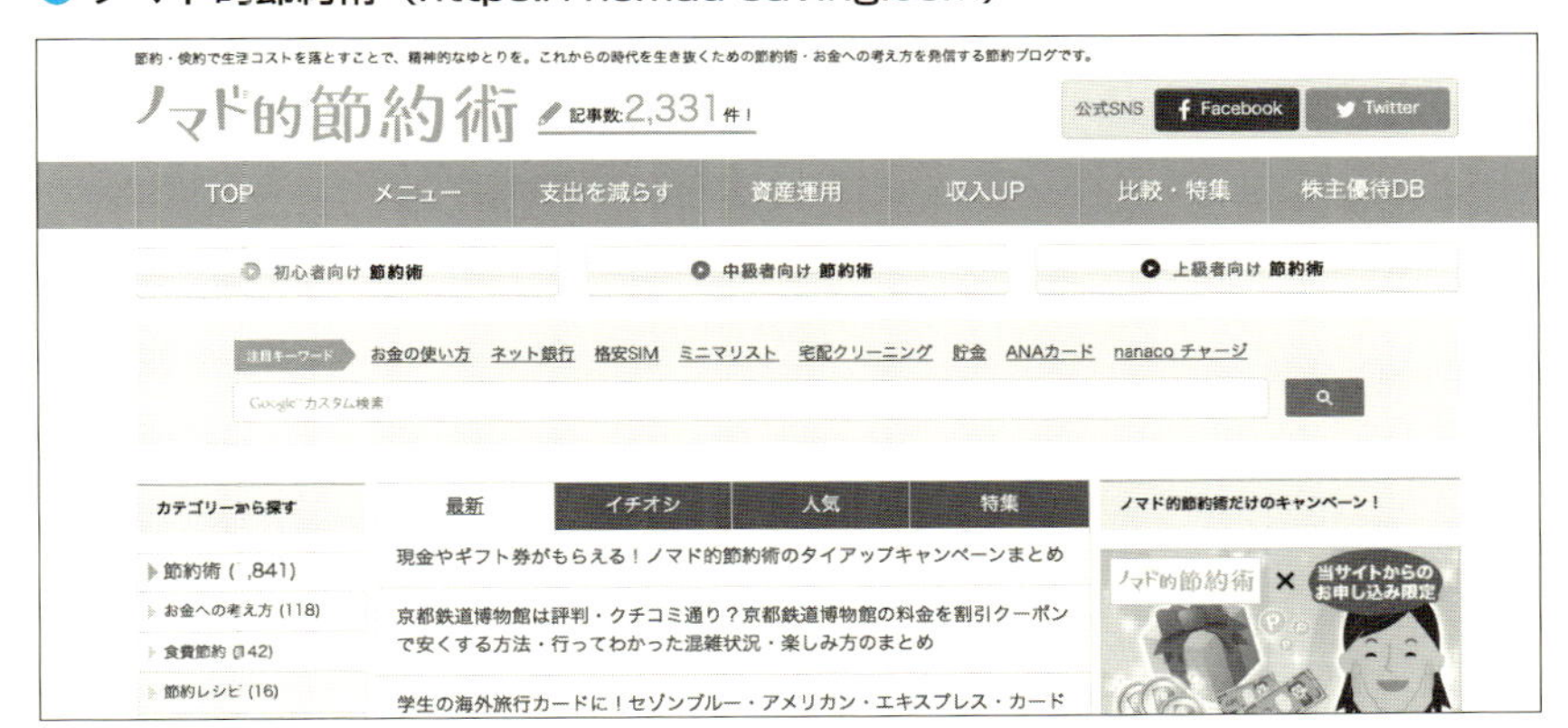

線の文章にならない」ことです。接客の仕事をするイメージで、質問が来たときにわかりやすく答えてあげたいと思っています。

数字からブログを分析する

そしてブログの価値を高めていくうえでは、やはり数字と向きあう必要があります。「**数字は人のあらゆる感情が集まった結果**」だと思っています。幸いにも私は数字オタク的な要素が強いので、数字と対話するのは得意なところです。ただし単なる数字遊びではなく、読者のハッピーな感情を増やすために数字を見続けています。「**アクセス解析を見てブログの改善をするときは、データの裏側に隠れている人の気持ちを想像しながら修正**」しています。

なぜ1記事しか読んでくれないのか、検索エンジンから訪れてくれたのに20秒程度でページを閉じてしまうのはなぜか、スマートフォンからの閲覧者が少ないのはなぜか、などなど。複数の記事を読んでもらうために関連記事を見やすい位置に配置したり、滞在時間を延ばすために読みやすいレイアウトに変更したり、読者のためにできることは数多くあります。ブログを改善するヒントは数字に詰まっているわけです。

ブログを書くときに気をつけること 14

- 1対1で直接話しているような雰囲気で
- 上から目線の文章にしない

⇒接客をしているようなイメージ

3 ブログをはじめて実社会での変化

そもそも文章を書くことが得意ではなく、できれば書きたくないと思っていたくらいでしたが、不思議とブログをやめようとは思いませんでした。なかなか今までひとつのことをずっと続けることができなかった私がブログを5年も続けられているのは、苦しいこと以上に楽しいことが多いからだと思います。特に、自分は数字とにらめっこして考えるのが好きだということに、ブログをはじめてから気づきました。ブログがメインの仕事になるとは考えもしませんでしたが、それはやはり私の人生の中で大きな出来事でした。

周りの人のおかげで今の自分がある

今ではひとりですべての仕事を完結することができなくなりました。いろいろな人に協力していただいて、今の私と「ノマド的節約術」があります。節約のためにはじめたブログですが、今ではそのブログ運営のためにお金を使うことが増えています。たとえば「サイトのリニューアルに向けたデザイン制作・改善」「業務フローの改善、システム化」「ライターさんへのお支払い」「広告費」「チラシ、ポストカードの作成」「弁護士さんの顧問料」などがあります。

仕事を依頼する人も誰でもいいというわけではなく、自分がこの人なら大丈夫と信頼している人にだけお願いしています。一緒に仕事をしたいと思える人にお願いすることで、今までの恩返しになればという考えからです。自分が何者でもないころからよくしてくださった人が何人もいるので、今度は自分が誰かのために同じことをしたいと思っています。

4 ブログから収入を得る方法

もともとは、自分の技術力アップと当時の記録を残していくことが目的ではじめたブログです。ブログで収入を得ることができたらいいなとは思っていましたが、おそらく頭の中では10％くらいの割合だったと思います。それよりも自分の技術力を高め、成果を見せていくことで、仕事につなげたいと思っていました。

自分の存在を知ってもらうことが第一歩

結局、ブログ経由で仕事をいただくことはありませんでしたが、存在を知ってもらうことはできたと思います。技術力も独立した当時と比べると明らかに高くなっているので、できることの幅も広がったし、何よりも技術力がつくことでアイデアに幅が出たのが大きいです。結果としては節約というテーマとアフィリエイト

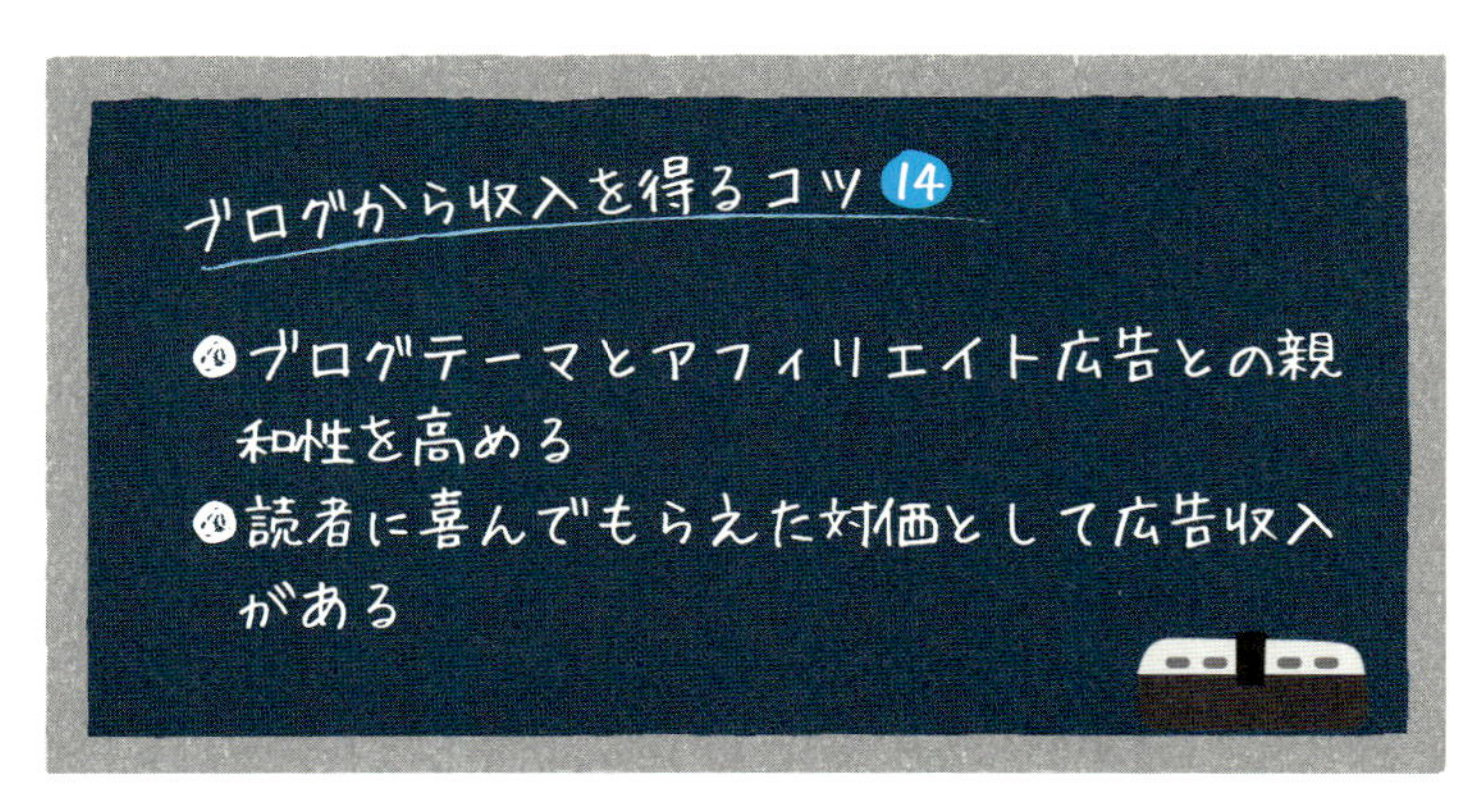

プログラムの相性がよかったので、ブログからの広告収入で生活が成り立っていますが、それは読者に喜んでもらえた対価だと思っています。

5 これからブログをはじめたい人に向けてのメッセージ

ギブ&ギブでコツコツと信頼されるブログへ

5年間もブログを続けていることで、いろいろとできることが増えてきました。同じブログ運営でも、1年1年の活動は常に変わっています。1日単位では変化を感じるのが難しいですが、長期間続けることで自分の中に変化を感じられるようになるかもしれません。

まずは読者に喜んでもらえる記事を提供し続けましょう。見返りなんて求めてはいけません。「**ギブ&テイクではなく、ギブ&ギブ**」でちょうどいいと思います。とにかく信頼してもらえるようなブログをつくっていきましょう。「**信頼されるようになれば、必然的に結果もついてくる**」ものだと思います。

15 好きな物事をより魅力的に伝えたい その想いが自分の軸になる「むねさだブログ」

1 「むねさだブログ」について（むねさだ よしろう）

2012年3月に開設して以来、毎日欠かさず更新を続けている「むねさだブログ」。ブログ自体は2007年から書いていましたが、当時は家族や友人に向けた日記のような内容でした。ブログをはじめて2年ほど経ったころ、マンションを購入することになり半年くらいインターネットで情報を探し続けました。マンション購入は、人生で何回も経験することではありません。人生最大の買い物といってもいいでしょう。とても緊張しましたし、家具や入居時に必要なものをいろいろと調べましたが、自分のほしい情報にはなかなかたどり着けず苦心していました。

自分が伝えたいことを世界中の人に知ってもらえるのがブログの醍醐味

結局、いろいろなウェブサイトや雑誌などで必要な情報を集めました。たとえば、食洗機をマンションのオプションで注文すると28万円だけど、楽天で注文すると取りつけ工賃を含めても10万近く安くなるとか。でもこのような情報や自分がいいと思った経験は、普通は身近なかぎられた人にしか伝えられないんです。それがブログに書くことで世界中の人に知ってもらえる可能性があるわけです。**「自分が知り得た情報を、同じような疑問を抱えている多くの人に伝えたい」**と思い、2012年に独自ドメインを取得して「むねさだブログ」を開設しました。

現在ではグルメ、ガジェット、子育てなど幅広いジャンルの情報を紹介するブログになっています。ブログ開始時の思いが、「自分が知り得た情報を多くの人に伝える」ことだったので、あえてテーマは絞っていません。自分が必死に調べたことはすべてネタになると思っていますし、たとえば一眼レフカメラを買ったとき、その製品について知りたいと思う人は必ずいるはずです。1000人のうち1人でもそう思ってくれる人がいればすべて記事にするというくらいの気持ちで、できるだけ丁寧に紹介するようにしています。

● むねさだブログ（http://munesada.com）

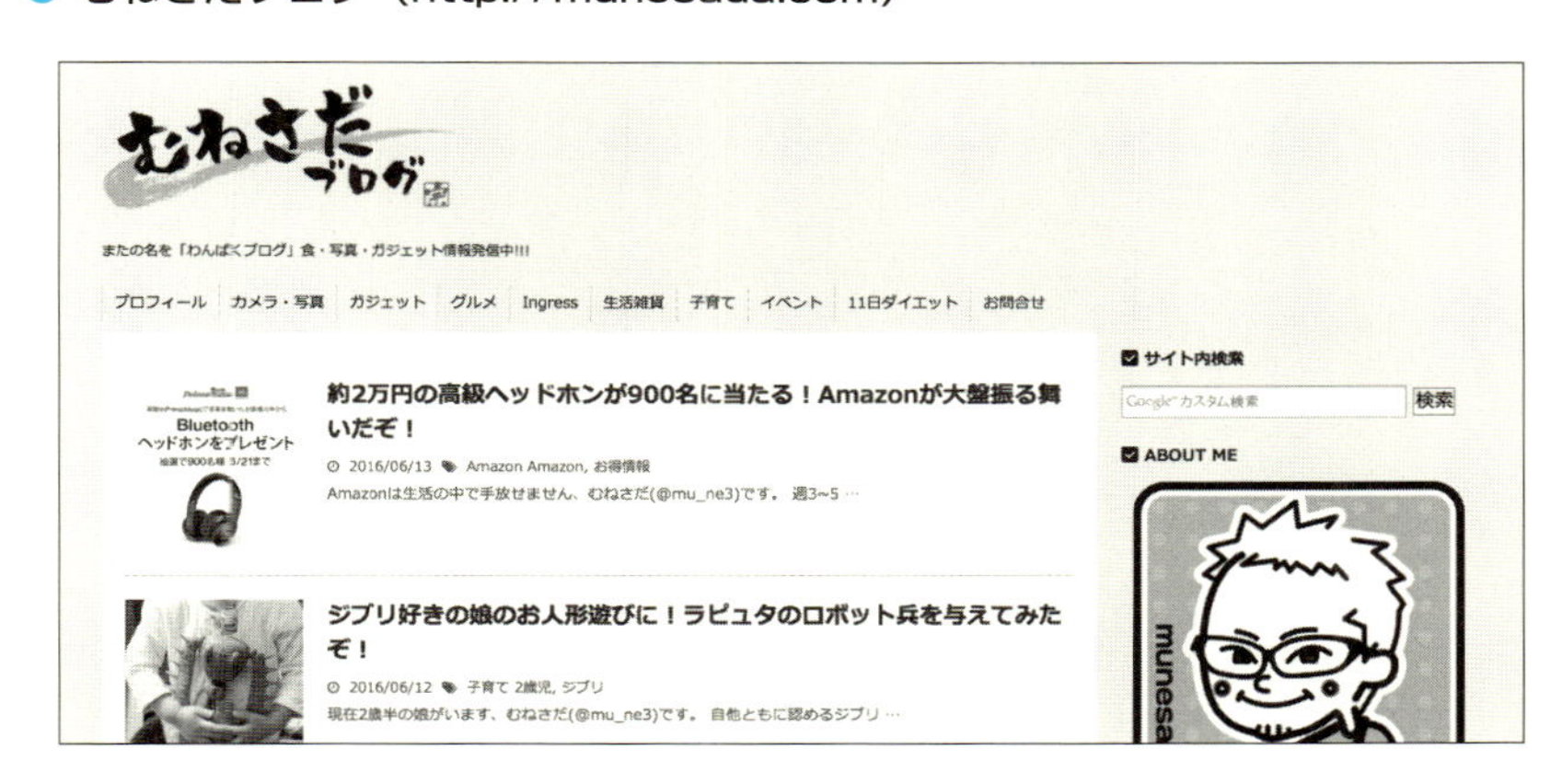

2 ブログ運営で気をつけていること

私がブログを続けるうえで大切にしていることは、写真のクオリティです。ブログを書くようになってから、写真にも力を入れはじめました。「**写真は文章以上にダイレクトにイメージを伝えられる**」ので、こだわっています。製品のレビューをするときは写真を先に選定し、そこに文章を追記する形で記事をしあげていきます。写真を選ぶ時点ですでに文脈が大まかに頭の中にできあがっている感じです。

また、読者にとって有益かということも意識しはじめました。お勧めのランチスポットの情報を知りたくて記事を読みにきた人にとって、蛇足だと感じる文章は必要ありません。余計な内容は省くようになりました。

もちろん、誰かを不快にさせることも書かないように心がけています。「**読者の誰かが不快に感じるかもしれない内容は、何回も何回も読み直し、言い回しや表現に気をつけながら書いています**」。

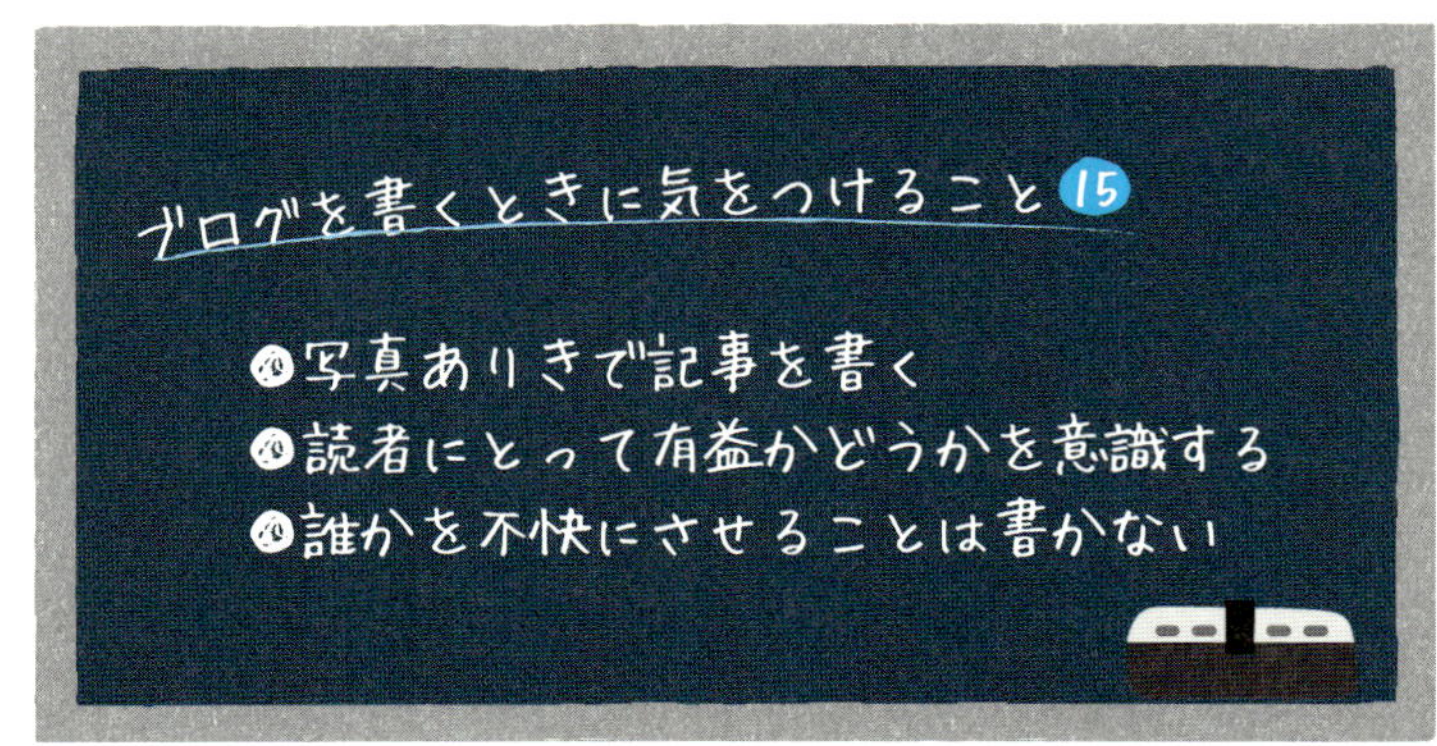

3 ブログをはじめて実社会での変化

とにかく写真を撮るのが好きになりました。私の撮った料理写真を見て「お腹が空いた」という感想をいただくこともあります。このように言ってもらえる写真が撮れているのは、私が何よりも食べることが好きだからかもしれません。「好きな食べ物を、より魅力的に撮ってブログで紹介したい！」という思いでのめりこんでいった写真ですが、今は風景や人物も楽しみながら撮っています。

ブログからはじめた写真が仕事につながる

そんな中、写真に関して認めてもらえたのか、少しずつですが仕事の依頼が増えてきました。イベントでのカメラマンを頼まれたり、ブログに使う写真について60人の参加者の前でプレゼンを行ったりという具合です。我流で楽しんで写真を撮っているだけの私に、こんな話をいただけるのはとてもありがたいことです。おかげでもっと写真について詳しく知りたくなり、写真の専門学校に半年間通いました。今後はこれらの経験で得た知識を広める活動もしていきたいと思っています。

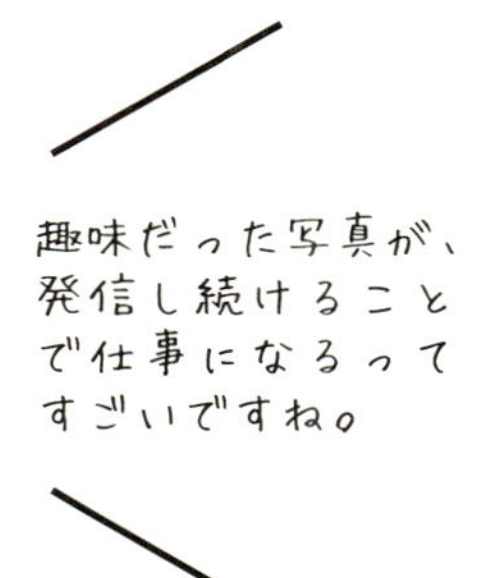

ライフスタイルが変わればブログも変わる

さらに、自分のライフスタイルが変われば書く内容も変わってきます。3年前に子どもが生まれたのですが、その影響で「むねさだブログ」には子育ての情報が増えました。「子育てに悩む人の参考になればうれしい」という願いからです。今後も「**自分のライフスタイルの変化によって、ブログは進化していく**」と思っています。

4 ブログから収入を得る方法

基本は、多くのブロガーが行っているように、**Google AdSense**と**Amazon**や楽天のアフィリエイトがメインです。ありがたいことに記事広告の仕事からの収入もあります。とはいえ、「むねさだブログ」はお金を稼ぐことが主の目的ではありません。自分の好きな物事を自分の好きなように紹介していくスタイルなので、無理に商品やサービスを売るという形ではなく、読者の利便性を向上させられるような記事を書き続けたいと思っています。

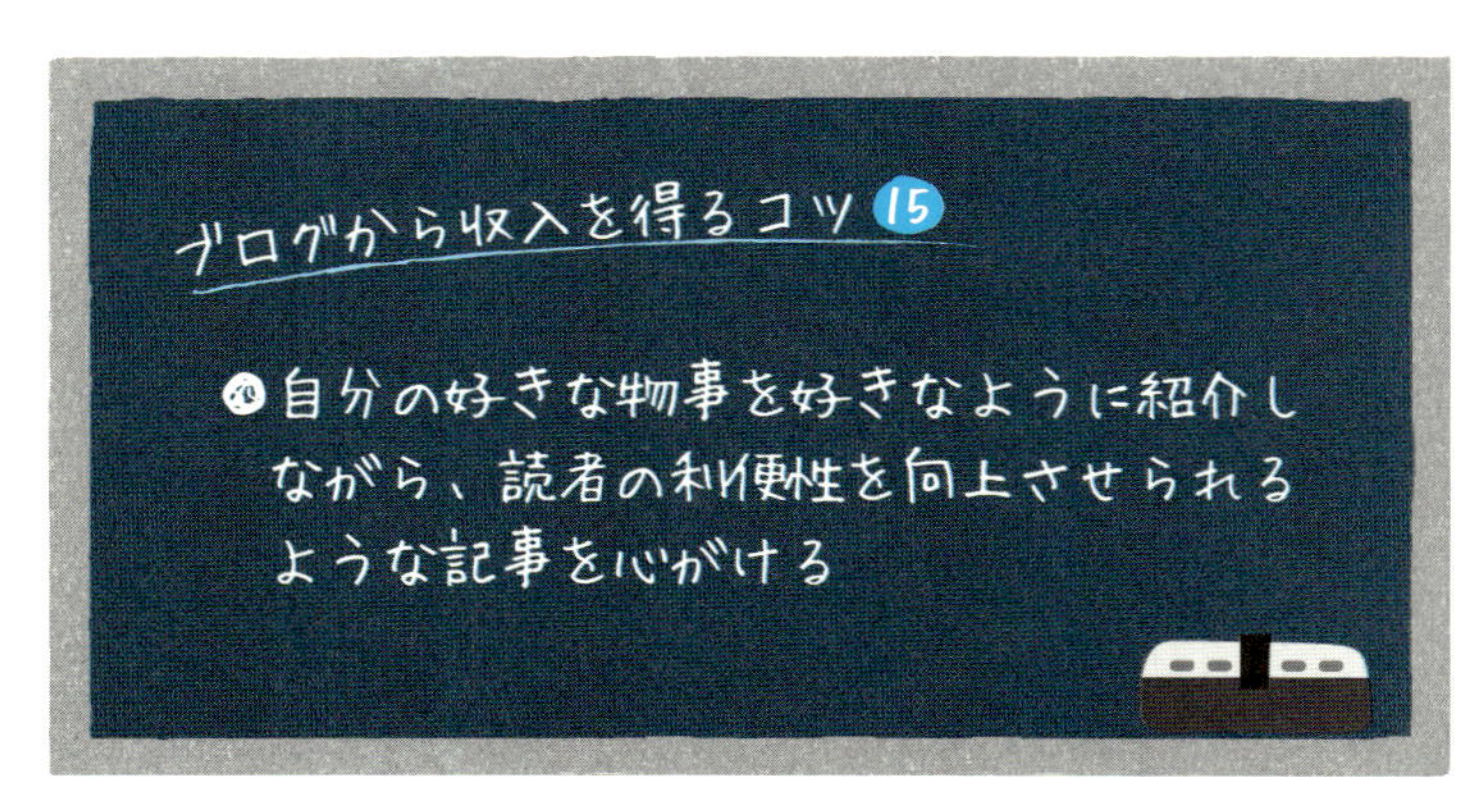

5 これからブログをはじめたい人に向けてのメッセージ

楽しみにしてくれる人がいると思うと続けられる

私は約4年間、1400日以上毎日更新しています。ここまで続けると、「どうして毎日ブログを書いてるんですか？」と聞かれることもあります。1000日以上続けたものを止めるタイミングがないという理由もありますが、基本的には、**「このブログを楽しみにしている人に毎朝新しい情報を届けたい」**という気持ちがあるからです。温かな布団の中で、朝食をとりながら、通勤時間に、毎日の生活の中で「むねさだブログ」を楽しみにしてくれている人がいると思うと、更新を途切れさせたくないのです。自分自身が風邪を引いたり、家族が倒れたりして、ブログにさける時間がなくならないかぎりは、毎日更新し続けると思います。

とにかく**「深く考えすぎず、やりたいことがあるなら続ければいい」**ということです。それがブログでも、写真でも、スポーツでも、料理でも、ゲームでも、何でもいいんです。気がついたら3年、5年、10年続いて、そうするともうそれは立派な自分の軸になっています。そんな軸を持っておくことがこれからの時代、重要だと私は思うのです。

16 仲間との意思統一を図り、共感してくれた読者から仕事につながる「隠居系男子」

1 「隠居系男子」について（鳥井弘文）

「隠居系男子」は、新しい時代の生き方やライフスタイルを提案する、２０１３年から書きはじめたブログです。運営開始から約半年で月間25万ＰＶを達成し、現在は日本最大級の提言型ニュースサイト「BLOGOS」と「Fashionsnap.com」にも転載しています。

オウンドメディアとしてのブログ

友人とアプリ開発をしており、「アプリの広報的役割としてブログを活用しよう」ということではじめたブログが、この「隠居系男子」でした。当時は言語化されていませんでしたが、昨今のトレンドワードとなっているオウンドメディア（企業や団体が自ら運営するメディアの総称で、自社のサービスや商品を知ってもらうための新しいマーケティング手法）のような使い方をしたかったのです。広告費をかけなくても、内容次第でSNSや検索エンジンなどを通じて多くの人に自分の書いた文章が読まれる可能性があります。記事にはアプリの情報だけでなく、自分たちがどんな人間なのかという話や、開発秘話やポリシーなども公開することで、固定の読者を獲得しようと奮闘していたのを思い出します。

アウトプットの場として

現在では私自身の考えを共有する場として、平日の毎日決まった時間に更新しています。私は株式会社Waseiという会社の代表でもあり、「起業して忙しいはずなのに、なんで毎朝ブログを書くの？」とよく質問されますが、1番の理由は、自分の生活リズムを整えるためです。「**毎朝ひとりで考える時間をつくり、それをアウトプットすることにより、どれだけ多忙になったとしても自分のペースを保つことができます**」。

また、最近は社内の朝礼メールをイメージして書くことも多いです。私の会社には5人のメンバーがいますが、取材が頻繁に入るので、たった5人でも毎日集まって朝礼のような

● 隠居系男子（http://inkyodanshi21.com）

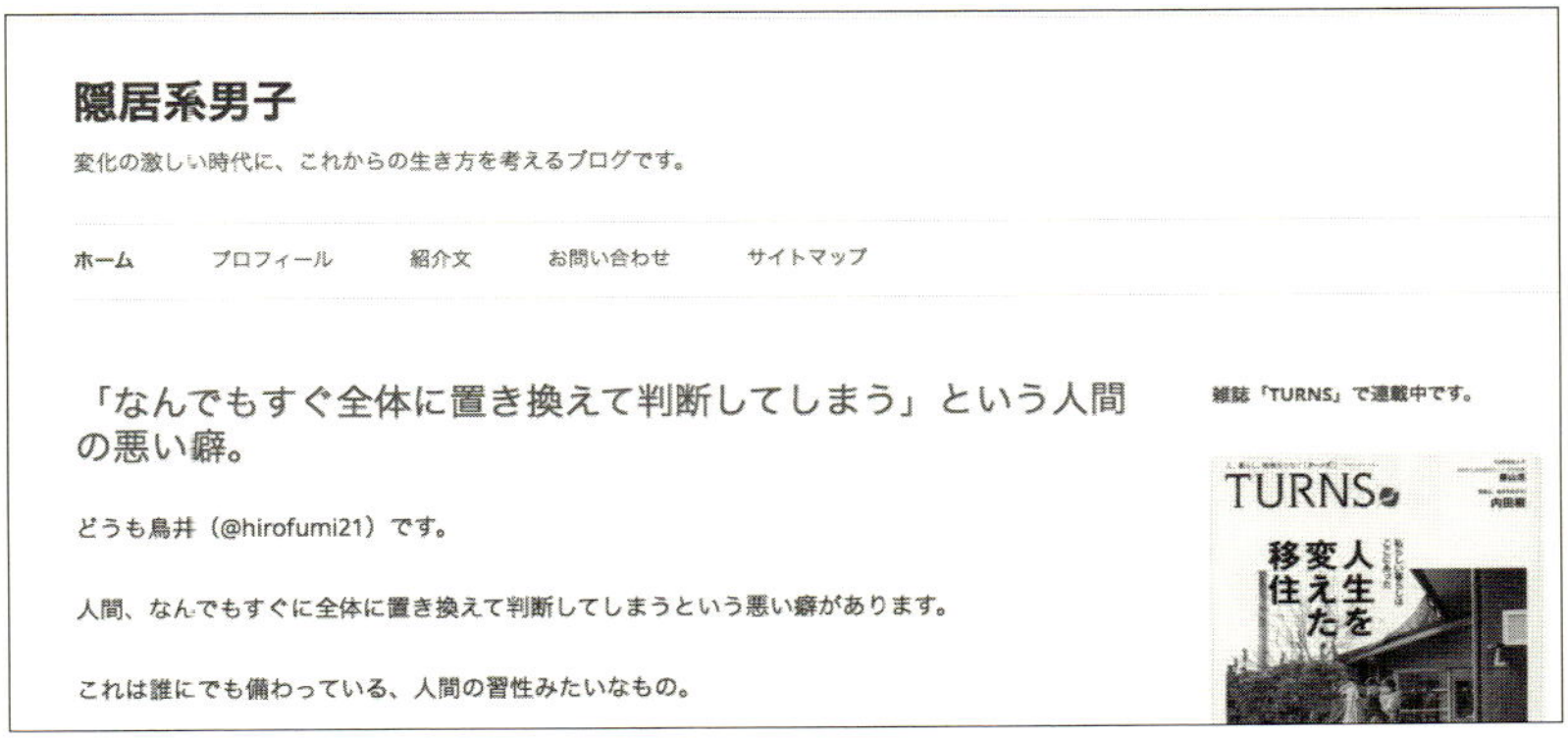

隠居系男子
変化の激しい時代に、これからの生き方を考えるブログです。
ホーム　プロフィール　紹介文　お問い合わせ　サイトマップ
「なんでもすぐ全体に置き換えて判断してしまう」という人間の悪い癖。
どうも鳥井（@hirofumi21）です。
人間、なんでもすぐに全体に置き換えて判断してしまうという悪い癖があります。
これは誰にでも備わっている、人間の習性みたいなもの。
雑誌「TURNS」で連載中です。
TURNS
人生を変えた移住

時間をつくれません。だからこそ、今自分がどんなことを考えていて、何を面白いと感じているのかということを、社内のメンバー全員に共有するような気持ちで書いているわけです。

「営業メール」としてのブログ

もうひとつとしては、営業メールとしての役割も担っています。どこの馬の骨が送ってきたかわからない営業メールよりも、自分が面白そうと感じて自発的に読みはじめたブログのほうが信用できませんか。毎日定期的に読むようになればなるほど、その信頼性も向上していくでしょう。**Wasei**で受託している仕事の多くが、「隠居系男子」がきっかけとなっています。結局のところ、代表自身が毎日更新しているオウンドメディアのひとつでもあるということなのでしょう。

2 ブログ運営で気をつけていること

「**毎日続けること**」と「**自分が読みたいと思える記事を書くこと**」ということを大切にしています。ブログで大切なのは、バズ

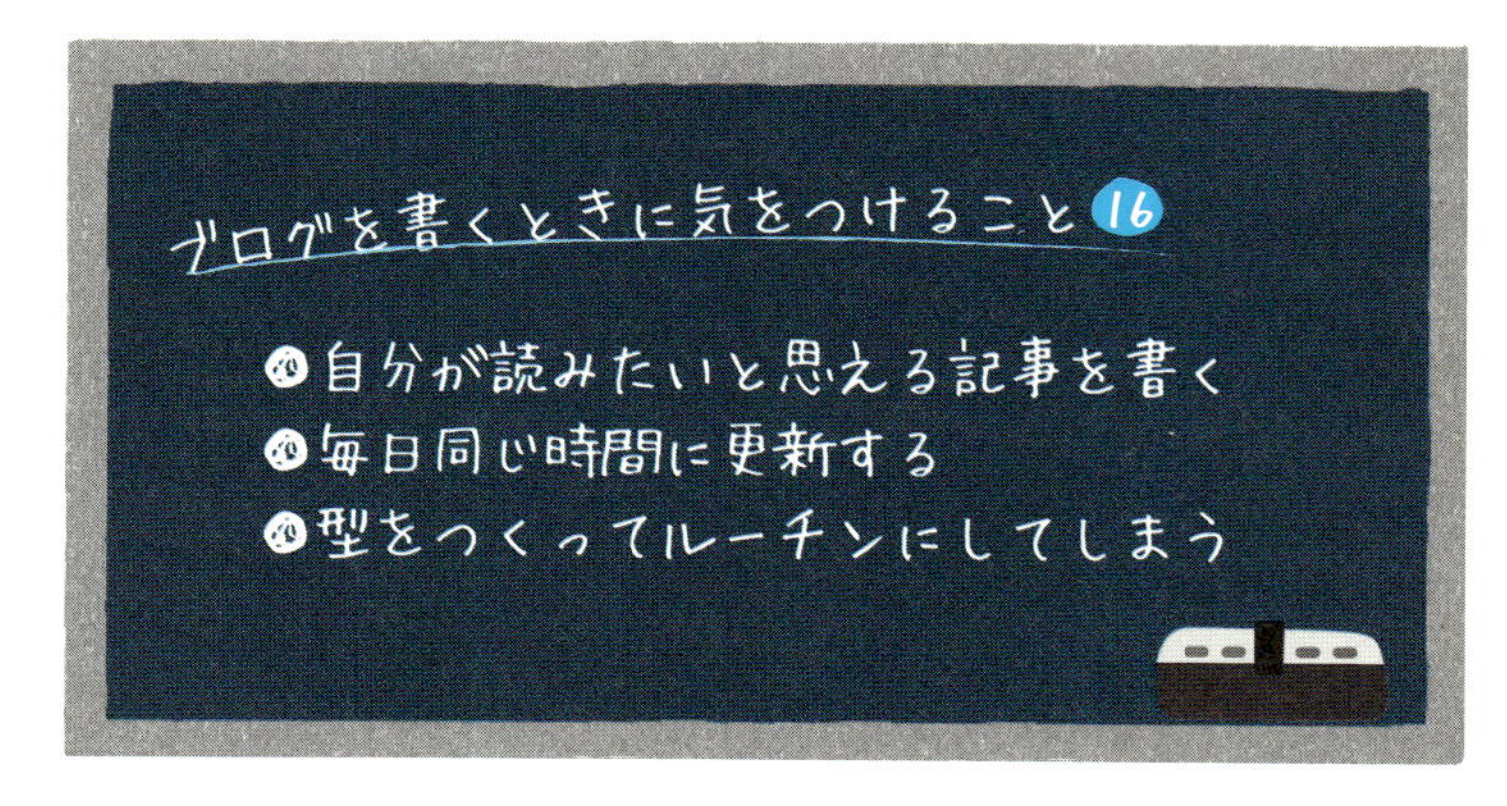

ることよりも、まずはやめずに毎日書くことが重要だと思っています。自分の興味や関心があることでないと、毎日書き続けることができません。自分があとから読み返したくなるような内容や、心底楽しんで書けるテーマをお勧めします。

それに加えて、「**毎日同じ時間に更新する**」ことも大切にしています。私は、午前中には必ず記事を公開し、11時43分にツイートすると決めています。「ランチを食べながらブログを読むのが日課です」と言ってくれる読者の人もいます。読者の習慣になってしまえば自然と毎日読んでくれますし、その生活リズムに入りこむことが肝だと思っています。

さらにブログを書くときは、「**型**」を強く意識しています。具体的には上記のような型です。

まっさらなところから書くのと型があるのとでは、断然後者のほうが書きやすくなります。ブログ記事の型を明確に決めておくことで、きっちり「**ルーチン化を図っている**」わけです。

題名 ○○○は本当か？

どうも鳥井（@hirofumi21）です。

最近の気になる事象（事実）

見出し1 ○○○って何？

問題提起（5W1H）

↓

仮説

見出し2 それは△△だから？

具体例（仮説に近い事象）

↓

予測

最後に

結論（今後の課題）

それでは今日はこの辺で。ではではー！

3 ブログをはじめて実社会での変化

ブログを書きはじめてから、ブログを経由して多くの人に出会うことができました。それをきっかけに訪日外国人向けウェブメディアの「**MATCHA**」を立ちあげたり、電子書籍を出版したりもしました。さらに現在では、株式会社**Wasei**の代表として「灯台もと暮らし」というウェブメディアも運営しており、人生が大きく変化しました。

4 ブログから収入を得る方法

私はブログ単体での収益化をほとんどしていません。そのためブログがダイレクトに収益につながるということはありませんが、読者が仕事につなげてくれることもあり、労力に比べて間違いなくリターンのほうが大きいと思っています。「**直接的な収益ではなく、営業ツールのひとつとして大きな活躍をしてくれている**」のがブログです。

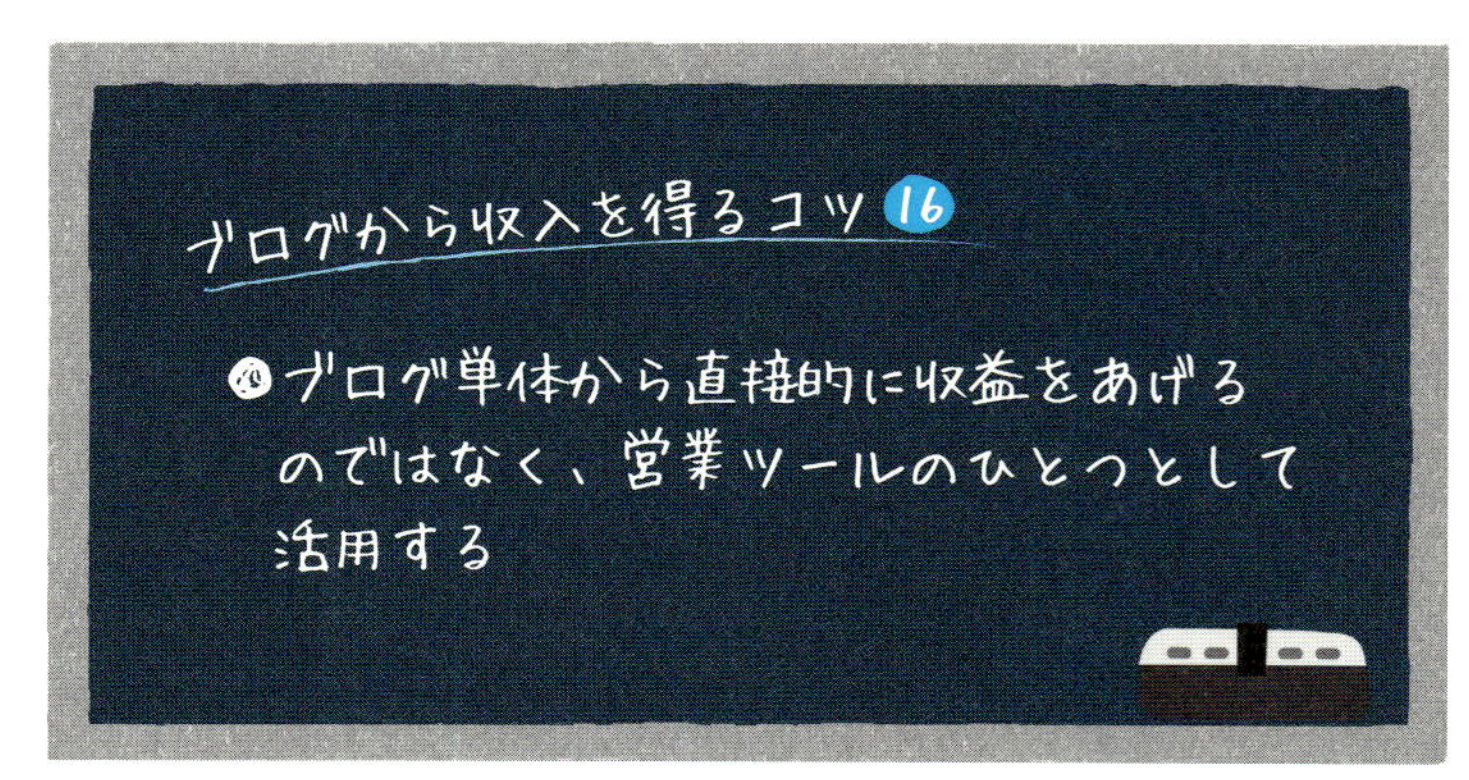

5 これからブログをはじめたい人に向けてのメッセージ

読者との関係性の積み重ねが財産になる

とにかく定期的に書き続けてほしいと思います。ブログは読者との関係性の蓄積が大切です。信用は一朝一夕で構築されるものではないので、その関係性の積み重ねこそが財産になります。サボってしまいそうになることもあるとは思いますが、気分が乗る日も乗らない日も、淡々と続けてみてください。

私もこれからブログを通じて「横展開できる方法論」を提示していきたいと思っています。ブログやウェブメディアをはじめる人たちが増えてきている中で、どうやったら広く読まれる媒体にできるか、その方法論を自身の活動や経験を通じて、再現性のある形で提示していくことが今後の目標です。そこから好きなことを仕事にしていく若者が相対的に増えていけばいいなと思っています。

自分の思考を整えたり、仲間に対してメッセージを送ったりと、ブログの使い方は本当に自由だと気づかされますね。

Column 2

著書19冊、講演会は常にソールドアウト！ブログに限界はないと教えてくれた阿部敏郎氏「かんながら」から学ぶブログ運営のコツ

「かんながら」について

霊的体験の正体を求めて

阿部氏は、10代でシンガーソングライターとして芸能界デビュー。その後もパーソナリティーやライブ、楽曲提供などの華々しい活動を重ねてきました。しかし30歳のある日、突然訪れた霊的体験をきっかけに芸能界を引退します。あの瞬間に起こったことの意味や正体を求めて、阿部氏は古今東西の精神世界や人生哲学を掘り下げていきました。そんな中、禅宗の僧侶と出会い、心のあり方や真理を学ぶ「いまここ塾」を開講します。2006年、その塾はインターネットに場所を移し、ブログ「いまここ塾（現:かんながら）」がスタートしました。

ブログをはじめて10年。ほぼ毎日、禅の知識や人生経験を交えて、自分の言葉で真理についてブログを更新してきました。「伝えたい言葉が次々とわいてくる」と阿部氏は言います。その少年のような表情からも、メッセージをつづることが楽しくてしかたがない様子が伝わってきます。

● かんながら　阿部敏郎公式ブログ（http://abetoshiro.ti-da.net/）

好きなことを続ける

私がこの本をはじめ、一貫して伝え続けている「３日３晩語っても話し足りないほど好きなことをブログのテーマにすべき」「コツコツ毎日、長期に渡って積みあげる」という条件。それらをすべて押さえた阿部氏のブログは、そのアクセス数も尋常ではありません。「哲学／精神世界」というマニアックな分野でありながら、ブログランキングは常に１～３位、アクセスも１日に２～３万、多いときで６万アクセス以上を誇る人気ブログとして、多くの人に愛されています。

ブログをはじめたきっかけ

自分が体感した真理を多くの人に伝えたい。そんな衝動に突き動かされてブログをはじめたのかと思いきや、阿部氏からは意外な答えが返ってきました。ブログ開設のきっかけは、地元（沖縄）で起きた土砂災害への支援チャリティーの宣伝目的だったそうです。そしてチャリティーは無事終了。役割を終えたブログですが、阿部氏はブログの更新を続けました。それは、当時出演していたラジオ番組でも好評だった「人生の処方箋」のような話を時おりブログの記事にしたら、読者ウケがよかったこと。そして、何より本人が書いていて楽しかったことがブログを続ける大きな理由となりました。

ランキング上位に入ることのメリット

先ほども触れましたが、阿部氏のブログ「リーラ」は非常に多くのアクセスを擁するブログです。しかも、沖縄ローカルである「てぃーだブログ」という、決してメジャーではない無料ブログサービスを利用する、いわゆる“ネット素人”でありながら、ブログランキングで常に上位を維持しています。阿部氏の発する“熱量”が起こした奇跡といっても過言ではないでしょう。

ここで、ブログランキングにおけるさまざまなメリットについてお話ししたいと思います。ランキングで上位に食いこむ利点の代表例が「ブログの書籍化」です。阿部氏も例にもれず、2007 年に「気楽にいこうね！」というタイトルでブログを書籍化しています。その後も阿部氏は「いまここ」「一瞬で幸せになる方法」など 19 冊もの書籍を出版しています。また、出版と平行してトークライブなどの講演活動もスタートしました。ブログや書籍など、活字では伝えきれない行間や臨場感を感じてもらえるよう、全国各地を精力的に回っています。こちらも書籍同様、爆発的な人気を博しチケットはすぐにソールドアウト、数百人規模の会場が満席になるほどの影響力を誇っています。

また、同ジャンルのブログランキングで活躍するブロガーとのコラボ講演も好評で、互いの主張や交流の化学反応を楽しんでいるとのことです。ランキングのライバル同士がイベントや活動をコラボできるのも、ブログというメディアならではの特長です。現在還暦を超えた阿部氏ですが、自身の親世代の僧侶から息子世代のブロガーまで、さまざまな老若男女とのライブセッションを謳歌しています。

ブログ運営の最大のコツ

物事をシンプルに捉える

ブログを通して活躍の場を広げてきた阿部氏に、運営のコツや成功要因をうかがうと、至極単純な答えが返ってきました。

「コツなんてないよ。書きたいことを、書きたいように、書きたいときに書いただけさ。強いて言えば、リラックスすることかな」

物事を複雑に捉えていろいろな意味づけをし、頭でストーリーをつくってしまうことが、悩みや問題の根源だと阿部氏はブログで伝え続けています。しかし、現実はいたってシンプル。物事はただ「在る」だけなのだと阿部氏は訴えます。

だとしたら、「ゴチャゴチャ考えずに、自由に気楽にブログを楽しんだらいいだけの話」なのかもしれません。阿部氏の処女作「気楽にいこうね！」のタイトルを見て、そんなことを考えました。「人生もブログ運営も、気楽にいくのが最大のコツ」という結論で、この章を締めくくりたいと思います。

ブログも人生も、しくみはすごくシンプル！
複雑に考えれば複雑なことが、楽しく取り組めば楽しいことが、現実化しますよ。
リラックスして、気軽に楽しみましょう。

3時限目
人気記事の書き方を学ぼう

ブログで成果を出すには、ヒット記事をつくり出す必要があります。読者に喜ばれる記事の書き方についてお話しします。

01 検索エンジンに好まれる記事のパターンを身につける

あなたのブログ記事が、**Google**や**Yahoo!Japan**などの検索エンジンに認識されることで、検索結果に表示されるようになります。「**特定のキーワードやフレーズの検索結果で上位に表示されればされるほど、検索エンジンからあなたのブログに訪れる人が増える**」わけです。

ただ闇雲に記事を書くのではなく、検索エンジンに好まれる、理解されるように文章を構成することで、効率的にアクセスの向上を見込むことができます。この検索エンジンに好まれるための施策は、一般的に「**検索エンジン最適化（Search Engine Optimization＝SEO）**」と呼ばれます。

なお２０１６年７月現在、**Yahoo! Japan**の検索システムは**Google**の検索システムを利用しているので、２つの検索エンジンをあわせたシェアは９割を超えています。ですから、「**現状の検索エンジン最適化施策は、実質Google最適化施策**」となります。

なぜ検索結果の上位表示をねらう必要があるのかというと、検索結果の1位と10位とではクリック率が大きく違ってくるからです。検索順位1位のウェブサイトのクリック率は17・16％、

10位のクリック率は0・51％というデータも公表されています。

参照 **検索結果1位のクリック率は17・16％、ロングテールはCTRが高い？ CATALYST調べ／海外SEO情報ブログ（http://www.suzukikenichi.com/blog/top-organic-serp-listing-gets-17-16-percentage-ctr/）**

ねらったキーワードでいかに検索結果に上位表示させるかによって、訪問者数は大きく変わってきます。ここでは、そのSEOの基礎についてお話しします。

1 SEOの原則は記事の質を向上させること

「**現在のSEOは、コンテンツの充実こそが最適**」だとされています。**Google**が提供するウェブマスター向けガイドラインでも、**Google**がウェブサイトを認識し、インデックスに登録し（検索エンジンのデータベースに格納され）、順位づけをする工程を行う要素として次のように述べられています。

- **情報が豊富で便利なサイトを作成し、コンテンツをわかりやすく正確に記述する**
- **ユーザーがあなたのサイトを検索するときに入力する可能性の高いキーワードをサイトに**

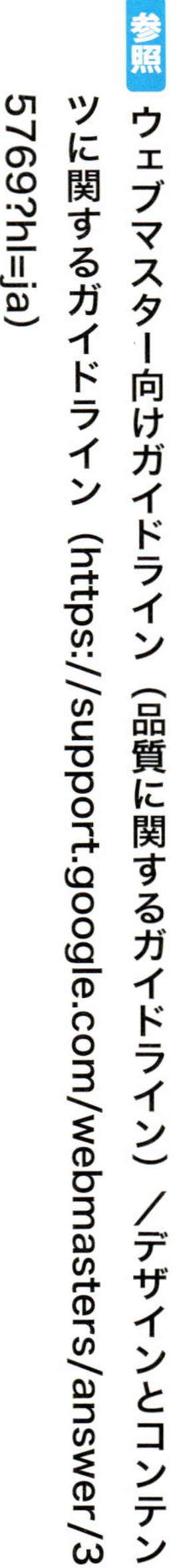
含めるようにする

参照　ウェブマスター向けガイドライン（品質に関するガイドライン）／デザインとコンテンツに関するガイドライン（https://support.google.com/webmasters/answer/35769?hl=ja）

ユーザーが検索しやすいキーワードを本文内に適切に挿入することで、検索エンジンからの評価を向上させることができます。専門的な情報が豊富に含まれており、読者に価値を提供できているブログであれば、ほかのブログやウェブサイトからリンクを貼ってもらったり、**Twitter**や**Facebook**などのＳＮＳでシェアされたりして、さらに検索エンジンの評価が高まります。結果として、アクセスを呼び込むための好循環が生まれるわけです。

ただ忘れてはいけないのが、「**最終的に文章を読むのは検索エンジン（コンピューター）ではなく、人間**」だということです。理解しやすい内容を心がけるには、読み手のことを考えなければなりません。情報が豊富でも、内容が難しすぎると読者は読むことをあきらめて帰ってしまいます。過度にキーワードを詰め込んだ文章は、日本語として不自然で読者にストレスを与えます。そのようなウェブサイトに再訪したいと思うでしょうか。「**訪問してくれた読者に、最大のメリットを与えることを意識して記事を書きましょう**」。

そして、アフィリエイトで収益をあげようとしている人にとっては、検索結果に上位表示されることはゴールではありません。紹介する商品（サービス）が売れてはじめて、ＳＥＯの意味があります。大量のアクセスを集めるのではなく、「**購入意欲の高い客層のみを集めるという施策も立派なSEO**」です。たとえ1000人が訪問してきても、売上につながらなければ成果はゼロです。たった10人しか訪問してくれなくても、その中から1名が商品を購入してくれれば、そのほうが効率的で効果的な運用ができていることになります。

なお、アフィリエイトについては4時限目で詳しくお話しします。

2 コンテンツ内に適切なキーワードを適正量含ませる

あなたの情報をインターネット上の読者に届けるには、基本的に**Google**（**Yahoo!Japan**）の検索結果に表示させなければいけません。好きな映画、たとえば「007」を紹介したいのであれば、007やダニエル・グレイグに関連する内容だということを検索エンジンに伝える必要があります。その方法として、「**記事のタイトルや本文内に「007」という単語を盛り込むこと**」はもちろん、「**感想**」や「**あらすじ**」、「**キャスト**」や「**役名**」、時には「**ネタバレ注意**」など、「**関連するキーワードを文中に含めることが重要**」となります。

いかに世界最大の検索サービスを提供している**Google**といえども、万能ではありません。ブログに書かれていないキーワードやフレーズを、検索結果に反映させることはできません。検索結果にあなたのブログ記事を表示させたいのであれば、必ず適切なキーワードやフレーズを記事タイトルや文中に入れる必要があります。

記事にキーワードを含める際、次の5項目に注意して文章を構成しましょう。

❶ キーワードは記事タイトルの最初のほうに載せる

検索結果に表示させたいキーワードが決まっているのであれば、できるだけ前のほうに配置しましょう。検索エンジンは、「**タイトルの最初のほうに書かれているキーワードを重要視する**」傾向があります。

❷ 正式名称や愛称・略称を何度も載せる、代名詞は使わない

先ほども書きましたが、検索エンジンはブログに書かれていないキーワードやフレーズを、検索結果に反映させることはできません。そして、伝える回数も1回では不十分です。文章を書き慣れてくると、言葉を繰り返すことを避け、代名詞を活用することが多くなります。特に紙媒体（メディア）経験者は、文字数という制約があるので、できるだけ簡潔に文章をまとめる傾向があります。しかし、それはインターネットの世界では機会損失につながります。「**〝あれ〟〝それ〟〝これ〟では、検索エンジンにキーワードが伝わらない**」のです。

パソコンの紹介をするのであれば、「**XPS13 Graphic Pro**」と正式名称を載せましょう。家電であれば、製品の型番を載せてもいいでしょう。アイドルライブのレポートを書く場合も一緒です。「彼女たち」ではなくて、「**STARMARIE**」と書きましょう（注記：筆者の推しグループです）。愛称である「スタマリ」もいいでしょう。「木下 望」「高森 紫乃」「中根 もにゃ」「松崎 博香」「渡辺

楓」と、メンバーそれぞれの名前を載せてもいいでしょう。検索エンジンが認識できる名称をもれなく載せることで、情報を適切に検索エンジンに伝えることができます。

❸ エリアや業種を含める

ランチスポットや旅行先といった地域の情報を掲載する場合には、住所やエリア、最寄り駅などをしっかりと掲載しましょう。店名や施設名で検索する人だけではなく、高知県で美味しい居酒屋を探していたり、博多で遊べるレジャー施設を探していたりする人も必ずいます。「**自分が旅行に行く前にはどのようなキーワードで検索していたかを思い返し、文章内に記載しておきましょう**」。

❹ キーワードは過度に詰めすぎない

❷と相反すると思われるかもしれませんが、キーワードを詰め込みすぎてもいけません。過度のキーワードの詰め込みは、検索エンジンからスパム判定されることもあります。また、検索エンジンは読者に情報を的確に届ける努力をしている単なるインフラで、最終的にあなたの文章を読むのは人間です。キーワードの詰め込みすぎで不自然な文章になっていたら、読者に違和感を与えてしまいます。目安として、「**総文量に対して5％以下のキーワード含有率**」にしておきましょう。

5 画像にもキーワードを挿入する

意外と見落としがちなのが、画像に関するSEOです。画像ひとつといえども、適当に名前をつけているのと意図を持って名前をつけているのでは、大きな違いとなって現れてきます。

特に**alt**タグには、画像に関するキーワードを入れておきましょう。**alt**とは**HTML**で規定されている要素の属性のひとつで、画像ファイルの内容を説明する際に使用され、「代替テキスト」とも呼ばれています。また、画像のファイル名も関連性のある文字列を利用すると、検索エンジンも何が描かれている画像なのか認識しやすくなります。子どもの画像であれば**child.jpg**、猫の画像であれば**cat.jpg**といったように、「**ひと目で理解できるようなファイル名**」にしましょう。

Googleウェブマスターツールのヘルプ内でも、「画像に関する情報をできるだけ多く**Google**に伝える」ということを明記しています。検索エンジンが認識しやすい表記をすることはSEOの基本となるので、忘れずに実施しましょう。

適切ではない例 <img src="puppy.jpg" alt=""/>

適切な例 <img src="puppy.jpg" alt="子犬"/>

最適な例 <img src="puppy.jpg" alt="持ってこいをするダルメシアンの子犬"/>

参照 ウェブマスターツール／コンテンツに関するガイドライン／画像と動画（https://support.google.com/webmasters/answer/114016?hl=ja）

3 SEOは基本の繰り返し

SEOは、施策をはじめたからといってすぐに効果が出るわけではありません。数カ月計画で、読者にとって有益だと思える記事を提供していく必要があります。特効薬や魔法のメソッドなどありません。じっくりと時間をかけて、**「読者が求めている情報は何か、仮説を立てながらひとつずつ意図を持って記事を書き続ける」**ことが重要です。

一つひとつの要素を検証し、改善し、訪問者に喜ばれる情報を増やしていく。この一文だけ読むと非常に簡単に感じるかもしれませんが、このサイクルを回し続けていくのは非常に大変であり、また重要です。多くの人は、継続してサイクルを回すことができずに挫折していきます。**「誰でもできることを、誰にもできないくらい続けることで、検索エンジンにも、そして読者にも支持される骨太のブログができあがっていく」**のです。

キーワードの適切な盛り込み方

1. キーワードは記事タイトルの最初のほうに
2. 正式名称や愛称を何度も載せる
3. エリアや業種を含める
4. キーワードは詰め込みすぎない
5. 画像にもキーワードを挿入する

02 フロー型記事とストック型記事を使い分ける

ブログの記事形態には、大きく分けて次の2種類があります。

❶フロー型記事
❷ストック型記事

ブログを書くことに慣れてきたら、どちらか一方のやり方に固執するのではなく、柔軟な考えでさまざまなテストをしてみましょう。それによりあなたの文章力も向上しますし、経験を積むことで、効果的な施策や意味のない施策の判別ができるようになります。

1 フロー型記事

フロー型の記事とは、簡単にいうと「**旬の情報を取り扱った記事**」です。トレンドやブームについての内容もフロー型に属します。新聞やテレビで取り扱われるニュースも、フロー型に位置づけられます。

フロー型記事のメリットには、次の3つがあります。

- **ベースとなる情報があるので、記事の作成がしやすい**
- **短期間で大きなアクセスを見込める**
- **ネタ元の話題性が強ければ強いほど、注目されやすい**

逆にデメリットとして、次の3つが挙げられます。

- **ブームがすぎたり話題性が失われたりすると、まったくアクセスがなくなる**
- **ほかのブログと内容が重複するので差別化が難しい**
- **情報を常に収集し、大量に記事を投稿する必要がある**

私が運営しているブログでいえば、次頁の2つのようなイベントレポート系の記事が、フロー型の記事に該当します。

- 出版業界に未来はない？　神田昌典氏が講師のセミナーで、これからの出版業界で活躍できる人の条件を聞いてきたよ（http://someyamasatoshi.jp/visiting/kandamasanori/）
- このコンピュータ書がすごい！　２０１５のランキングと参加レポート（http://someyamasatoshi.jp/visiting/greatcomputerbooks2015/）

話題性の大きいイベントであればあるほど一気に拡散されますが、一定期間をすぎるとまったく読まれなくなります。私はほとんど取り扱いませんが、日々の芸能界のスクープ報道やスポーツニュースなどをベースにしたブログ記事は、完全にフロー型に属します。

どちらかというと、**「フロー型記事はＳＮＳと相性がいい」**傾向にあります。

2 ストック型記事

ストック型の記事とは、**「長い期間必要とされる普遍的な、ノウハウ的な内容の記事」**を意味します。「エクセルの使い方」や「ダイエット食レシピ」、「地域のグルメ情報」など、時期やタイミングを問わず、安定的にアクセスを集められる情報がストック型に属します。

ストック型記事のメリットには、次の３つがあります。

- 記事の寿命が長く、継続的なアクセスを見込める
- 記事が蓄積されればされるほどアクセスも積みあがる
- ブームやトレンドを追う必要がない

逆にデメリットとして、次の3つが挙げられます。

- 記事を作成するのに手間と時間がかかる
- 一定量の記事が貯まらないと、検索エンジンに上位表示されづらい
- 爆発的なアクセス増を見込めず、アクセス数の増加に時間がかかる

私が運営しているブログでいえば、次の2つのノウハウ提供系の記事が、ストック型記事に該当します。

- 東名高速道路が通行止めになった時に静岡から埼玉まで7時間ぐらいで着く、一般道を中心に使う迂回路メモ（http://someyamasatoshi.jp/memo/tomeihighway/）
- Facebookのタイムライン投稿で、2行以上改行（段落替え）する方法（http://someyamasatoshi.jp/memo/facebookrule01/）

得意分野や好きな分野の情報をわかりやすく文章化することで、検索エンジンの上位表示をねらい、継続的なアクセスの流入を見込む施策です。訪問者の悩みを解決できるような内容を心がけることで、読者の満足度を向上させられるので、リピーターになってくれる可能性も高まります。

フロー型記事と比べ、「**ストック型記事は検索エンジンとの相性がいい**」傾向があります。

結局どちらの記事を書いたほうがいいの？

フロー型、ストック型、どちらのジャンルが優れている劣っているということではなく、２種類の記事をバランスよく公開することで、効率的にアクセスを集めることができます。個人的には、最初のうちはストック型記事を地道に増やしていくほうが、積みあげ型でアクセスが伸びていくのでお勧めしています。その中で時折フロー型の記事を意識して書いてみて、上手にねらいがハマれば従来とは違った読者層が集まるので、さらなるアクセス増になる可能性があります。

Column3

「価値」の定義について

ブログの勉強をしていると、相手に「価値」を提供しましょう、「質の高い」情報を提供しましょうという話をよく耳にすると思います。確かにそのとおりで、読み手が喜んでくれる情報を発信することで、少しずつあなたのファンは増えていきます。でも「価値」という言葉の意味を突き詰めて考えたことはあるでしょうか。何となくわかったような気になっている言葉ですが、私は「価値」を以下の式で定義づけしています。

人類に役立つ事象 × 希少性 ＝ 価値
※ ただし価値観は人それぞれ違う

人の役に立って、そして数が少ないモノ（事象）が価値として重宝がられるということです。たとえば、ダイヤのネックレスをほしがる女性はたくさんいますが、これはダイヤのネックレスを身につけることによって、女性の魅力を向上させるというメリットが生じます。もしダイヤが道端にごろごろ転がっていたらどうでしょうか。ダイヤは数が少なく、珍しいから価値として認識されるのです。でも男性からすると、ダイヤのネックレスは自分の財布にダメージを与える迷惑な存在です。女性には価値として認められても、男性には価値を与えません。

たとえば、スイスの職人が一つひとつ手づくりした精巧な腕時計。時計好きの男性にとって、その腕時計には宇宙が詰まっているわけです。でも女性からしてみれば「時間がわかれば量販店の腕時計でいいじゃん」ということになります。

これが価値観の違いです。「**人によって、環境によって、価値の量は変動します**」。

また、価値は放っておいて理解されるものではありません。適切に相手に伝える必要があります。情報発信に置き換えると、以下の３つの要素を意識することが重要です。

❶ 対象となる読者に響くタイトルの作成（インパクト）
❷ 対象となる読者が理解できる内容を提供（翻訳）
❸ 読者が行動したくなる便益性を明示（意欲の向上）

私は、この３つの要素を同時に満たす内容こそが良質（高品質）なコンテンツだと認識しています。「**読みたくなる見出し**」「**理解できる内容**」そして「**行動したくなる動機づけ**」をすることで、ようやく人は変化するのです。

普段、何気なく使っている言葉の意味を深く理解することで、表現方法や文章の書き方など、自分の行動を変化させることができます。ぜひ一度立ち止まって、「自分にとっての価値は何か」ということを見つめ直してみてください。

03 イベントや勉強会に参加してみよう

いざブログをはじめてみても、最初からスムーズに運営できる人は少数です。そもそも文章の書き方がわからなかったり、記事を書く意欲が続かなかったりする人が大半です。書籍を読んだり、インターネットでブログの運営方法などの知識を蓄えたりするのもいいですが、「**勉強会やイベントに参加するのも、ブログを楽しんで続ける秘訣のひとつ**」だと思います。

勉強会やセミナー、イベントは、無料のものから有料のものまで、全国各地で開催されています。自分の知見を広めたり、商品やサービスを体験したり、気のあう仲間を見つけに行ったりと、参加する理由はさまざまですが、「**ブログを運営していて行き詰まったと感じたら参加してみる**」のもいいでしょう。

1 自分の学びたい事柄を整理し、目的を持って参加する

ただ闇雲にイベントや勉強会に参加したからといって、成果につながるわけではありません。

商品を試してみたいから参加するのと、技術力を高めたいから参加するのとでは、イベントの性質がまったく違います。

- ブログ運営者と交流したい
- デザインやプログラムを学びたい
- 商品の体験がしたい
- 広告主とじっくり話がしたい
- 足りないスキルを高めたい
- 先輩アフィリエイターの話を聞きたい

などなど、自分自身で必要な要素を分析して、最適な勉強会に参加することで学んだことを効果的に自分のブログに反映させることができます。「**イベントがあるから参加するのではなく、本当に自分に必要なイベントなのかを吟味してから、参加するかを決めましょう**」。

❶ ブログ運営の意欲を高めたり、悩みを相談したり、仲間をつくりたい

初心者が、独りで淡々とブログを更新し続けるモチベーションを保つのはとても大変です。そんなときは、あなたと同じ気持ちでブログを書いている人たちが集まるイベントに参加してみましょう。

「**ブロガーズフェスティバル**（**http://festival.blog.jp/**）」というイベントでは、毎年200〜300人ほどのブログ運営者が集まって、先輩ブロガーやライター、ライブドアブログなどのブログサービス提供会社、メディア運営会社などのノウハウや体験談を聞くことができます。有料イベントではありますが、ここでしか聞けない情報やスポンサー企業からのプレゼントなど、参加費に見あったイベントになっています。

❷ ブログやウェブサイトのデザインやプログラムについて学びたい

素敵なデザインのブログをつくりたい、プログラムを学んで効率化したいというような目的があるならば、技術系の勉強会に参加してもいいでしょう。特に、**WordPress**のコミュニティが、活発に勉強会を行っています。

- **WordCamp Japan（http://japan.wordcamp.org/）**
- **WordBench（http://wordbench.org/）**

WordBenchという比較的小規模な勉強会や、**WordCamp**という大規模なイベントが日本各地で開催されているので、自分の技術力やデザイン力を向上させたいと考えている人は、ぜひ参加してみてください。

2 ASP主催イベント

アフィリエイトプログラムを提供している**A8.net**やバリューコマース、リンクシェアで開催されているイベントやセミナーは、直接、広告主から話を聞いたり商品に触れることができ、専門家や先輩アフィリエイターの話を聞くこともできます。

- **A8フェスティバル・セミナー（http://www.a8.net/event.html）**
- **リンクシェアサロン（http://www.linkshare.ne.jp/event/）**
- **バリューコマースセミナー（https://www.valuecommerce.ne.jp/events/index.html）**

特に「**広告主とのコネクションは、アフィリエイトをするうえで非常に重要**」です。担当者と仲よくなっておくことで、通常は利用することができない条件のいい秘密のプログラムを紹介して

［用語］
ASP（アフィリエイトサービスプロバイダ）
成功報酬型広告を配信する事業者のこと。
アフィリエイト・サービス・プロバイダ、
略してASPと呼ばれる。

もらったり、特別なイベントに招待してもらえたりすることもあります。

大きなイベントになればなるほど、セミナーなども充実していますし、広告主のブースもたくさん出展されます。すべてのブースを満遍なく回るのではなく、自分の運営しているブログとの親和性はどうか、自分が興味を持てそうかという点に絞って訪問するようにしましょう。サンプルをもらえるとか、知名度が高いという理由で訪問しても、得意分野でないのならば記事にするのは非常に難しいです。とにかく最初のうちは、自分の得意分野、あるいは興味が持てそうな分野の商品やサービスを紹介するようにしましょう。

小規模な勉強会の場合は、自分の学びたいテーマにあわせて参加するといいでしょう。広告主の商品紹介が主となるような勉強会や、「**効率的な広告の選び方**」「**検索エンジン対策**」など、テーマを絞った内容で適宜開催されています。各ASPのウェブサイトで告知や応募を受けつけているので、時折チェックしてみるようにしましょう。

● **A8.net（http://www.a8.net）**

3 日本アフィリエイト協議会の勉強会

「日本アフィリエイト協議会（JAO）(http://www.japan-affiliate.org/)」でも、無料でアフィリエイトに関連する勉強会を開催しています。そもそもアフィリエイトのことを何も知らない超初心者向けの勉強会から、年末商戦などのテーマを絞った勉強会まで、1カ月に1度のペースで開催されています。毎年1～2月にはブログで収益をあげている人向けの、確定申告の勉強会も開催されています。さらに官公庁の担当者の特別講演や、先輩アフィリエイターの成功事例などを学べる「本気でアフィリエイトを学ぶ会」も、年に1回のペースで毎年12月に開催されています。

日本アフィリエイト協議会は国内で唯一、行政機関とのパイプを持っているアフィリエイト関連の任意団体です。そのため行政機関の講演なども聴講できる機会が比較的多く、著作権や肖像権、税金など、普段聞くことができない内容の勉強会も開催されています。ASP同様、勉強会のスケジュー

● JAO（http://www.japan-affiliate.org/）

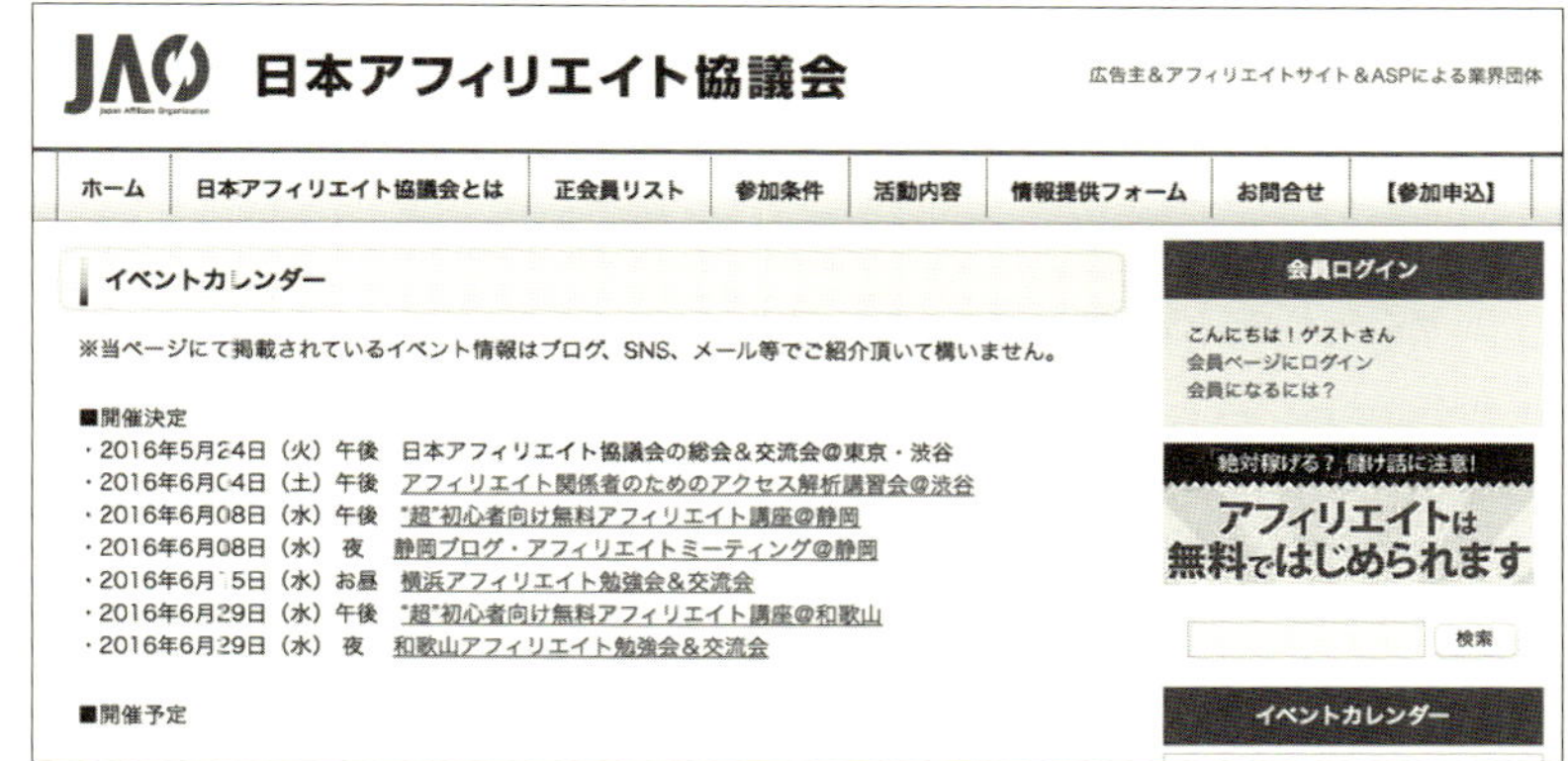

ルをチェックしておきましょう。

4 勉強会を選ぶ際に注意しておくべきフレーズ

世の中には有料の勉強会やセミナーが多数開催されています。有料だけあって、質の高い情報を責任持って提供してくれる場合が多いのですが、残念ながらすべてがそうだとはかぎりません。「騙された！」と後悔する前に、しっかりと自分自身で判断し、値段に見あう内容なのかを見極めましょう。特に、参加者募集ページに次のような内容が含まれている勉強会には、細心の注意をはらってください。

「満席まで残○席！」「先着○名には特別価格で提供！」

「**申し込み期限をカウントダウン表示させて、締切が迫っている雰囲気を演出し、決断を急かしている募集ページは要注意**」です。動画やメールマガジンなどで情報を小出しにして、興味や関心を煽るプロダクトローンチという手法もあります。人間は、急かされると冷静な判断ができなくなってしまいます。そういうときこそ落ち着いて、本当に自分に必要な情報か吟味しましょう。

「誰でも簡単に稼げる」「楽に儲けられる」

「**誰でも簡単にできるということは、同様のやり方をする人が一気に増える**」ことを意味します。もしかしたら、最初のうちは収益をあげられるかもしれませんが、みんなが同じやり方をすればするほど、あなたのブログも埋もれてしまう可能性が高くなります。そうなったら元の木阿弥です。また次の「楽に稼げる情報」を探すつもりですか？

確かに、表現力や洞察力、文章力を鍛えるのは一朝一夕にはできません。でも、じっくりと時間をかけて学ぶからこそ、あなたの自力をアップさせ、ほかの人にはない独自の魅力となります。読者はあなたにしか出せない情報を求めています。あなたの独自性を高めることこそが1番の魅力になるので、その点を忘れずに参加するセミナーを選ぶ眼力を身につけましょう。

5 イベントに参加する際の持ち物

せっかくイベントに足を運ぶのですから、**「カメラ（スマートフォンでも可）と名刺は忘れずに」**持って行きましょう。

イベントでは広告主がさまざまな商品を持ってきます。商品を触ったり使ったりすることも可能な広告主が多いので、ブログで紹介できるよう写真をたくさん撮影しておきましょう。また、氏名（ブログで使用しているニックネームでも可）、メールアドレス、ブログ名、URLが記載された名刺も作成しておきましょう。広告主に挨拶する際、どのようなブログを運営しているのか、連絡先はどこなのかを明示することで、イベント後の関係性を保つことができます。

6 イベント参加後に行いたい3つのこと

❶ 参加レポートや商品のレビューを書いてみよう

セミナーで学んだことや、イベントで手に取った商品、もらった試供品などは「**できるだけ早く、忘れないうちに、そして自分の熱が冷めないうちに記事に**」しましょう。セミナーレポートは自分で学んだことの振り返りにもなりますし、その情報を求めている人に向けて文章を書くことで読者にも喜ばれます。商品レビューについても、ただ商品の紹介をするだけでなく、広告主の担当者から得た商品開発秘話や苦労話、どんな人に使ってもらいたいという要望など、直接話を聞いた人間にしか書けないような内容を盛り込みましょう。

❷ 広告主にお礼のメールを送ろう

イベントで知りあった広告主へお礼メールを送りましょう。アフィリエイトプログラム自体はASPの管理画面から利用しますが、その先で対応しているのは広告主の担当者です。実はイベント後にお礼のメールを送る人は決して多くありません。もし商品のレビューを書き終わっているのであれば、そのURLも載せておくと広告主側も喜んでくれます。「**しくみを動かしているのは、あくまでも人間**」です。相手に喜んでもらえることを想定してメッセージを送りましょう。

❸ 他の参加者のレポートを読んでみよう

イベント名や商品名で検索すると、さまざまなレポートや商品レビュー記事が表示されます。それぞれの記事を読んでみて、自分の感情の動きを認識してください。「ほしくなった／興味がわかない」、「参考になった／嘘くさい」など、いろいろな感情が生まれるはずです。ポジティブな感情が生まれたのはなぜなのか、ネガティブな感情が生まれたのはどのフレーズがきっかけなのかという点を見つけることで、自分が記事を書くときのヒントを得ることができます。

7 有料の勉強会やセミナーに参加する前に

世間にはブログの運営方法に留まらず、ブログを通じた収益化の方法や、デザイン、文章力の向上など、さまざまな勉強会があふれています。その中には、無料の勉強会もあれば有料の勉強会もあります。もし有料の勉強会に参加する場合、参加費に見あうだけの価値があるかどうかを見極める眼力を鍛えましょう。

セミナーに参加するなら、利益の範囲内で

ブログをはじめたばかりの人であれば、ＡＳＰ主催などの無料の勉強会で十分すぎる知識を得ることができます。「**最初からコストをかけてしまうと、それがプレッシャーと焦りになり、なか**

なかいい結果につながりません」。また、一定の知識レベルや経験値を持って勉強会に参加するのと、まったくの初心者で勉強会に参加するのとでは理解度が全然違います。「**少なくとも自分自身で実践し、小さいながらでも成果が出はじめたら、その利益の中で勉強会の費用を出す**」ようにすると、効率的に自分自身のレベルを上げていくことができます。

1万円以上のセミナーに参加するなら、30冊の本を読む

特に、1万円以上のセミナーに参加する場合は必要以上に冷静になって、本当に自分に必要なのかを検討しましょう。たとえば5万円のセミナーであれば、その5万円で一般的な書籍が30冊は購入できます。ブログやアフィリエイトの書籍は星の数ほどあります。自分の能力を向上させたいのであれば、文章術やコピーライティングなどの書籍を読むのもいいでしょう。マーケティングや、広告手法を解説した書籍を読むのもお勧めです。**WordPress**や**Photoshop**などの技術書を読んで、デザイン力を磨いてもいいでしょう。「**幅広いジャンルの書籍を30冊も読めば、あなたの知識は格段にレベルアップします**」。そして、その得た知識をもとに実践を繰り返すことで、あなたの能力は最初のころとは比べ物にならないくらい向上します。

それでもセミナーや勉強会が必要なら、その時点で改めて検討し直しても遅くはありません。30冊以上の専門書や技術書を読んで、内容がしっかりと身についているなら、一般的なセミナーで聞く内容よりも専門知識は習得しているはずです。かぎられたお金を効果的に自己投資することで、結果としてＰＶの増加や、アフィリエイト報酬を拡充することができるはずです。

4時限目

ブログで収益をあげる方法

01 ブログで稼ぐ方法は大きく2つある

1 広告収入と自社（自分の）商品の販売

ブログ運営には自己発信によるブランディングの要素もありますが、使い方によっては金銭的収益をあげることも十分に可能です。ブログを活用した収益方法には、大きく分けて２つあります。

❶ 広告収入
❷ サービスやセミナー、書籍などを含む自社（自分の）商品の販売

本章ではひとつ目の広告収入について詳しくお話しし、自社商品の提供については5時限目02でお話しします。

2 広告収入にはさらに2つある

1時限目08で簡単にお話ししましたが、個人が運営するブログからの広告収入の代表的なものとして、クリック報酬型広告と成果報酬型広告（アフィリエイト）の2つが挙げられます。クリック報酬型広告には、**Google AdSense**やスマートフォン向け広告に特化した「**nend**」などがあります。また、成果報酬型広告の種類としては、物販型とサービス申し込み型があります。

基本的に「**クリック報酬型広告は、ページビューの増大と、クリックされやすい位置への広告配置が収益拡大の肝**」となります。それに対して「**成果報酬型広告は、適切なキーワードでの上位表示と、申し込み（コンバージョン）率を向上させるための文章術や、レイアウトのしかけが肝**」になります。

Google AdSenseやアフィリエイトを活用して、ドメイン代金やサーバー代金などのブログの運営費をまかなえたらうれしいですよね。ブログで稼いだお金でランチが食べられたら、新たな経験を積めますよね。勉強会の会費がブログから稼げたら、どんど

◎クリック報酬型広告
⇒PVの増大
＋クリックされやすい位置への広告配置
◎成果報酬型広告
⇒適切なキーワードでの上位表示
＋文章術やレイアウトのしかけ

ん新しい学びを得られますよね。ブログでお金を稼ぐという行為は、なんら恥ずかしいことではありませんし、ましてや隠すようなことでもありません。

会社に勤務したりアルバイトをして、給与という形でお金を稼ぐことが一般的だった世の中で、自宅で商品を魅力的に紹介したり、自分の持つ知識や経験をわかりやすく発信することで収入を得ることができるようになりました。育児や体調などによって外に働きに出られない人でも、情報発信によってお金を稼げる環境が整ってきたといえます。景気が不安定な中、**「副業として自分自身で収入を増やすというスタイルや、急に働けなくなる可能性に対してのリスクヘッジを行うことが可能になった」**のです。

次項以降、それぞれのシステムを活用して、効果的に収益を伸ばしていく施策についてお話ししていきます。

ブログで稼ぐということ

組織に属して給与をもらうという働き方だけではなく、自分自身が情報を発信することで収入を得るという新しいライフスタイルが可能に

「感謝の対価」について

ブログを書けばすぐにアクセスが増えたり、商品が売れて収益があがったりすると思われる人もいるかもしれませんが、決してそんなことはありません。一つひとつの段階を経ることで、結果につながってくるのです。

感謝の対価としてアクセスが増え、結果として商品が売れる

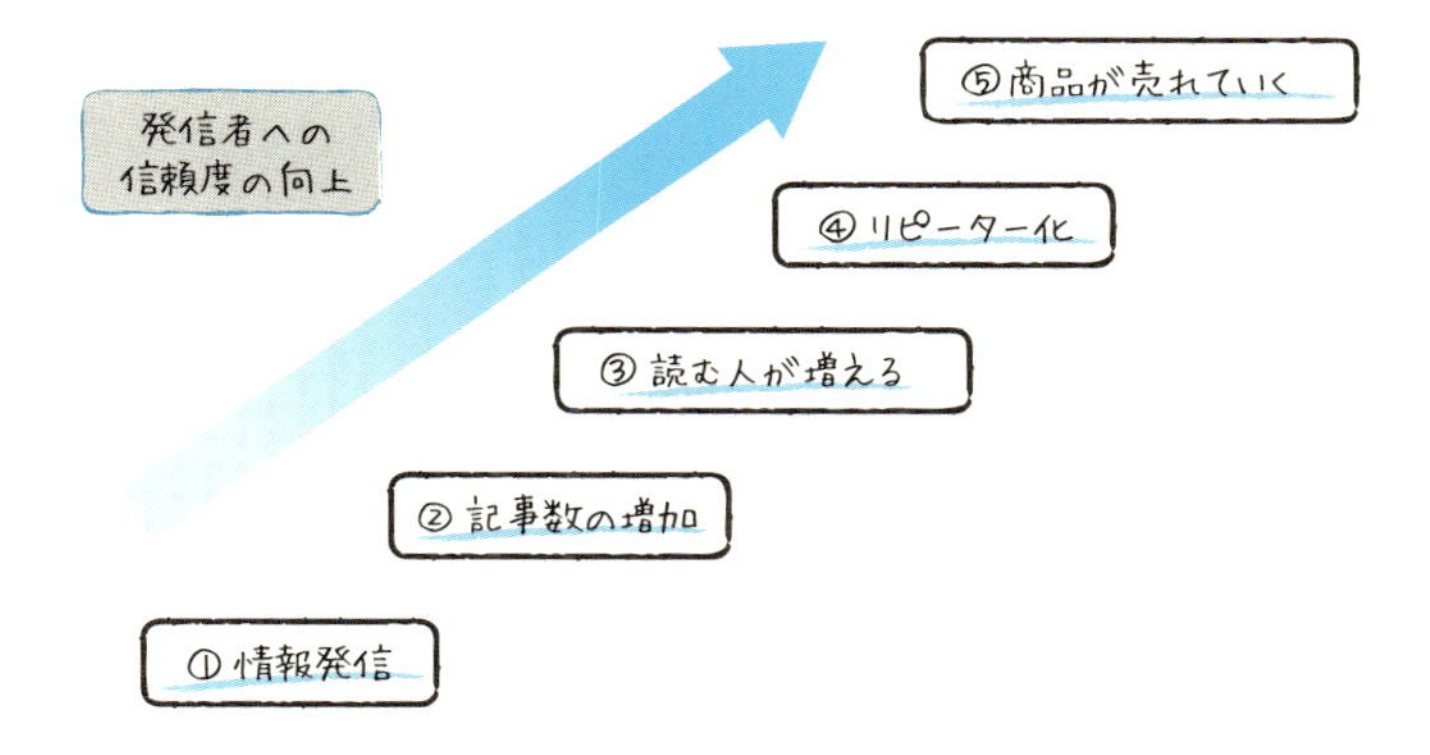

多くの人は第一段階の「情報発信」から第五段階の「商品が売れていく」まで期待値が飛びがちです。でもその間にはいくつもの段階が隠れているのです。その段階を理解していないので、結果を急ぐがあまり、報酬が生まれないことに嫌気が差してブログをやめてしまうのです。

この段階があることを理解しておくと、自分のステージがどの位置なのかを客観的に捉えることができます。みんな、第二段階か第三段階で心が折れてしまうのです。それではあまりにも勿体ないですね。もう少し続ければ結果につながったかもしれないのに、モチベーションが保てなかった結果です。

ぜひこの段階を認識して、途中で諦めずに、ブログを書き続けてください。

02 Google AdSenseやnendなどのクリック報酬型広告のしくみ

1時限目09で簡単にお話ししましたが、クリック報酬型広告の代表として、**Google AdSense**と**nend**があります。クリック報酬型広告のしくみは左頁の図のようになっていて、広告を出稿したい会社が、**Google**や**nend**（ファンコミュニケーションズ社）の提供するシステムを通じて、インターネットメディアや個人ブログなどに広告を配信します。

- Google AdSense（https://www.google.com/adsense）
- nend（http://nend.net/）

配信された広告が読者にクリックされることにより、メディアには報酬が、広告主には広告費が発生します。なお、**Google**や**nend**は広告配信の仲介手数料をもらうしくみになっています。

Google AdSenseはPC向けのウェブサイトやブログ、スマートフォン向けのウェブサイトやブログ両方に対応していますが、**nend**はスマートフォン向けのウェブサイトやブログに特化したシステムになっています。

後述するAmazonや楽天、アフィリエイトなどの成果報酬型広告は、商品が売れないと収益につながりませんが、「**Google AdSenseやnendなどのクリック課金型のシステムは、広告がクリックされるだけで収益になります**」。そのためブログの運営者はアクセス数を伸ばす施策や、効果的に広告をクリックしてもらうレイアウトの検証に注力することができます。

Google AdSenseや**nend**の運用方法を簡単にまとめると、次のような流れになります（下図、次頁参照）。

● Google AdSense / nendのしくみ

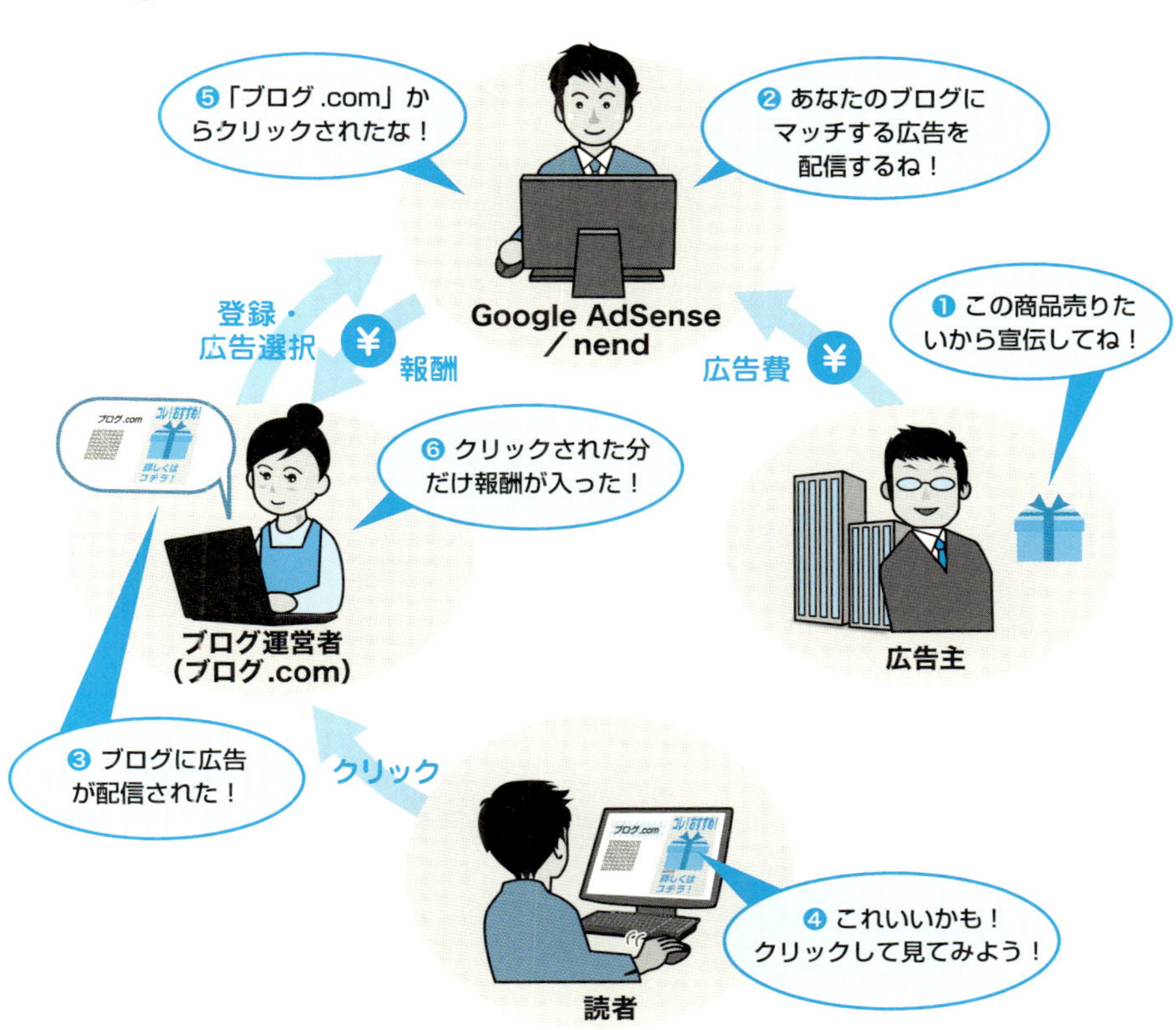

❶ Google Adsenseやnendに登録する
❷ 自分のブログに広告のコードを配置する
❸ その広告を読者の視界に入れてクリックを発生させる
❹ 結果としてブログの運営者が報酬を得られる

Google AdSense の申込方法については以下の動画やヘルプページをご確認ください。

- AdSense アカウントを取得しよう！／InsideAdSenseJA (http://www.youtube.com/watch?v=dLedMvYLFTg)
- ヘルプ Google AdSense お申し込み方法 (https://support.google.com/adsense/answer/10162?hl=ja)

nend の申込方法については次のブログがわかりやすいので、参考にしてください。

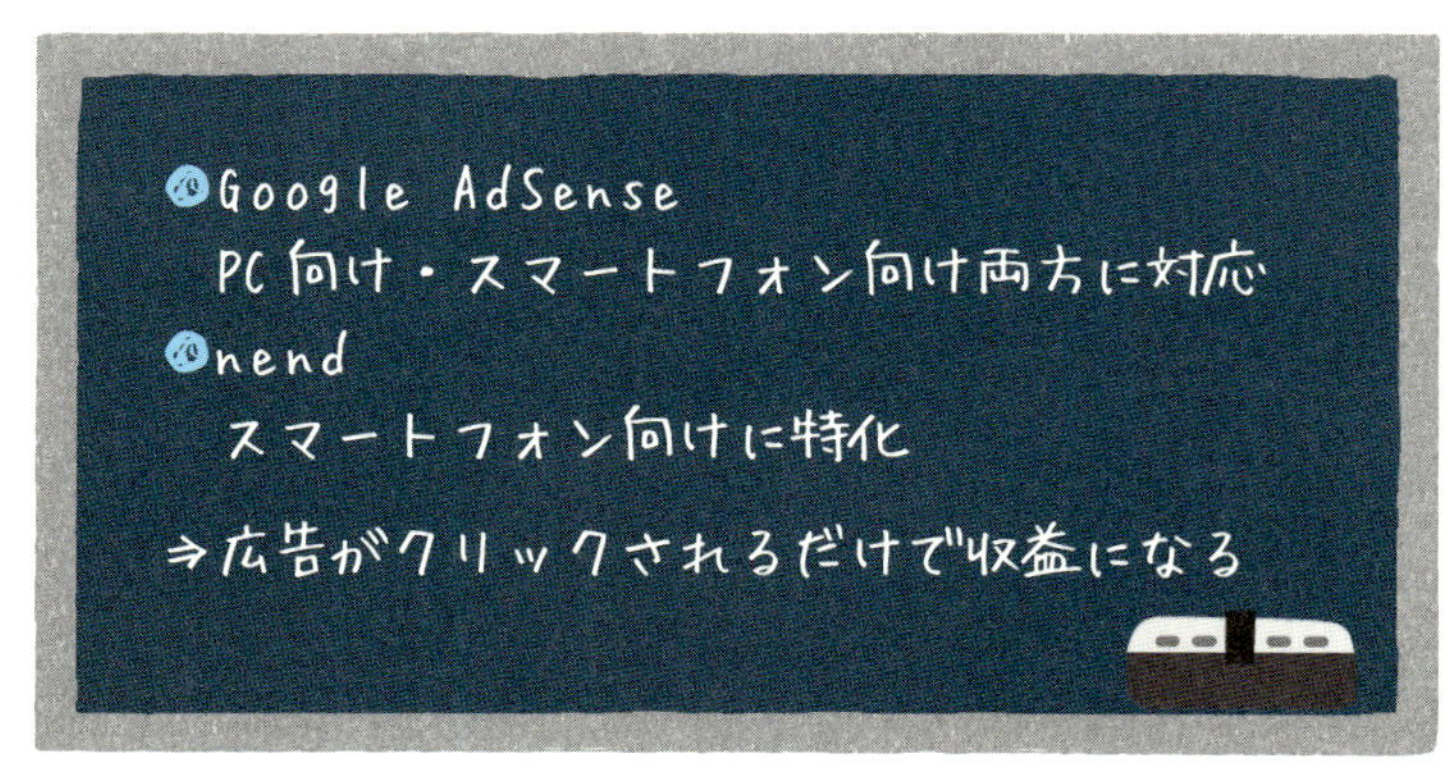

● **アドセンス代替スマホ広告なら「nend」がお勧め、簡単登録方法・広告枠作成からサイト掲載まで（http://nelog.jp/how-to-use-nend）**

基本的に、両サービスのプログラムポリシーに準じた内容で、10～15記事程度投稿されているウェブサイト・ブログであって、流れどおりに申請すれば問題なく利用できるはずです。もし**Google AdSense**の申込方法でつまずいてしまった場合は、拙著「**Google AdSense**成功の法則57」（ソーテック社刊）に詳細を載せているので、参考にしてみてください。

※２０１６年7月現在、**Google AdSense**は独自ドメインのブログ（ウェブサイト）でないと新規登録ができなくなりました。無料ブログを利用する場合は、独自ドメインが使用できるか確認しておきましょう。

まずは「Google AdSense」と「nend」に登録してみよう。

03 Google AdSenseの上手な稼ぎ方

「Google AdSenseで稼ぐのにまず必要な要素は、〝ページビュー（ＰＶ）〟」、とにかくこれに尽きます。１日５００ＰＶと５０００ＰＶでは、あたりまえですが収益に大きな差が出ます。**「１日２万〜３万ＰＶを生み出すブログを運営していれば、Google AdSenseだけで生活できるぐらいの収入になる」**でしょう。

では、どうしたらそこまでのＰＶを集めることができるのでしょうか。いくつか代表的なやり方がありますが、本書では長期間安定的にアクセスを集められる、資産型のブログ運営を推奨しているので、質実剛健な方法を解説していきます。

1 どうやって人気ブログ（ＰＶの向上）にしあげるか

やることは非常にシンプルで、**「〝良質なコンテンツ〟を〝継続して投稿する〟こと」**です。毎日、自分の得意分野や誰かの役に立つ情報を記事にして、訪問者に対して価値を提供していくことが重要です。信用度のアップと言い換えてもいいでしょう。私たちのような一般人がブログをはじめて、たった数日で万単位のＰＶになるわけがないのです。人気ブログ＝稼げるブログになるための方程式は下図のようになります。

まずは「**"自分の得意分野"に特化した、お役立ち情報を提供**」してみましょう。あなたの記事を読んでくれた人が、１カ所でもうなずいてくれるような内容を心がけましょう。自分の得意分野に特化する必要性を挙げたのは、それがあなたのオリジナリティになるからです。誰にでも書けるような陳腐な内容では、インターネット上にあふれかえる膨大な情報量の中で埋もれてしまいます。

さらにオリジナリティも、伝え方（書き方）次第で大きく変わります。届けたい内容を明確に表現することが重要です。自分の伝えたいことを相手に理解してもらえなければ、せっかく書いた記事も無駄になってしまいます。「**残念ながら、自分が伝えたいことの半分も読者には伝わらないもの**」です。しかし、明確さを意識しながら記事を書き続けることで、必ずあなたの文章力は上がっていきます。諦めずに心折れることなく、とに

収益向上のための方程式 PV × 取り扱うジャンル × 広告の配置

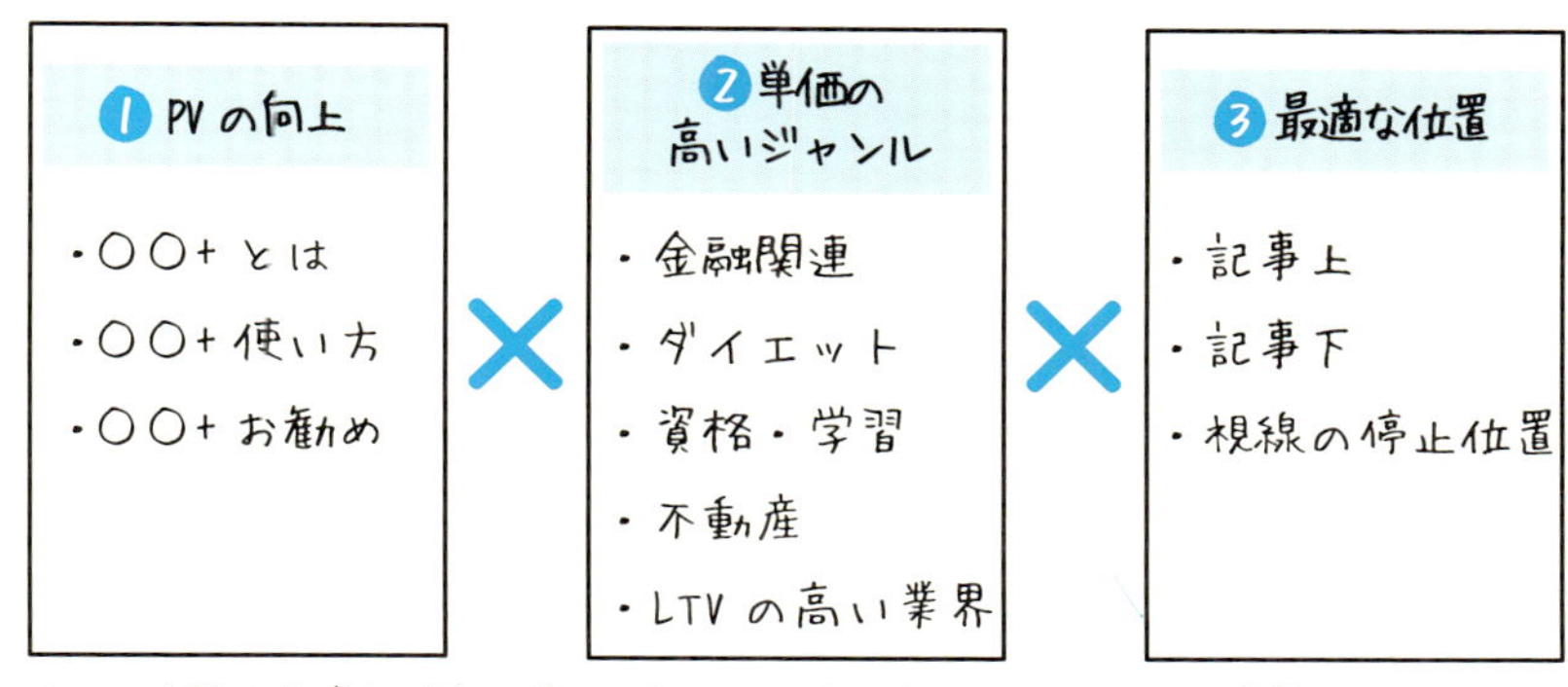

※ LTV（顧客生産価値）：ずっと利用してもらうことで全体的な金額が大きくなること

かく続けてください。

記事が自在に書けるようになってきたら、次はその記事が「**誰得**」なのかを考えてみましょう。いくら自分自身で「これは役に立つ！」と思っていても、世間に必要とされていない記事では、多くのアクセスは見込めません。「**この記事を読むことによって誰が利益を得るのかを認識しつつ、テーマを決めたり文章を書いたりする**」ことで読み手に価値を提供できます。ここでいう利益とは、お金という意味あいだけでなく、知識的な側面も含んでいます。提供している価値を求める人が多ければ多いほど、結果としてPVにはね返ってくるのです。

オリジナリティ×明確さ×得した人の量＝PV

公式にするとこんな感じでしょうか。ちなみに掛け算なので、どれかが0であれば結果はゼロになります。行動して0になるということは基本的にないと思いますが、係数が0・5であれば、総数も半減します。

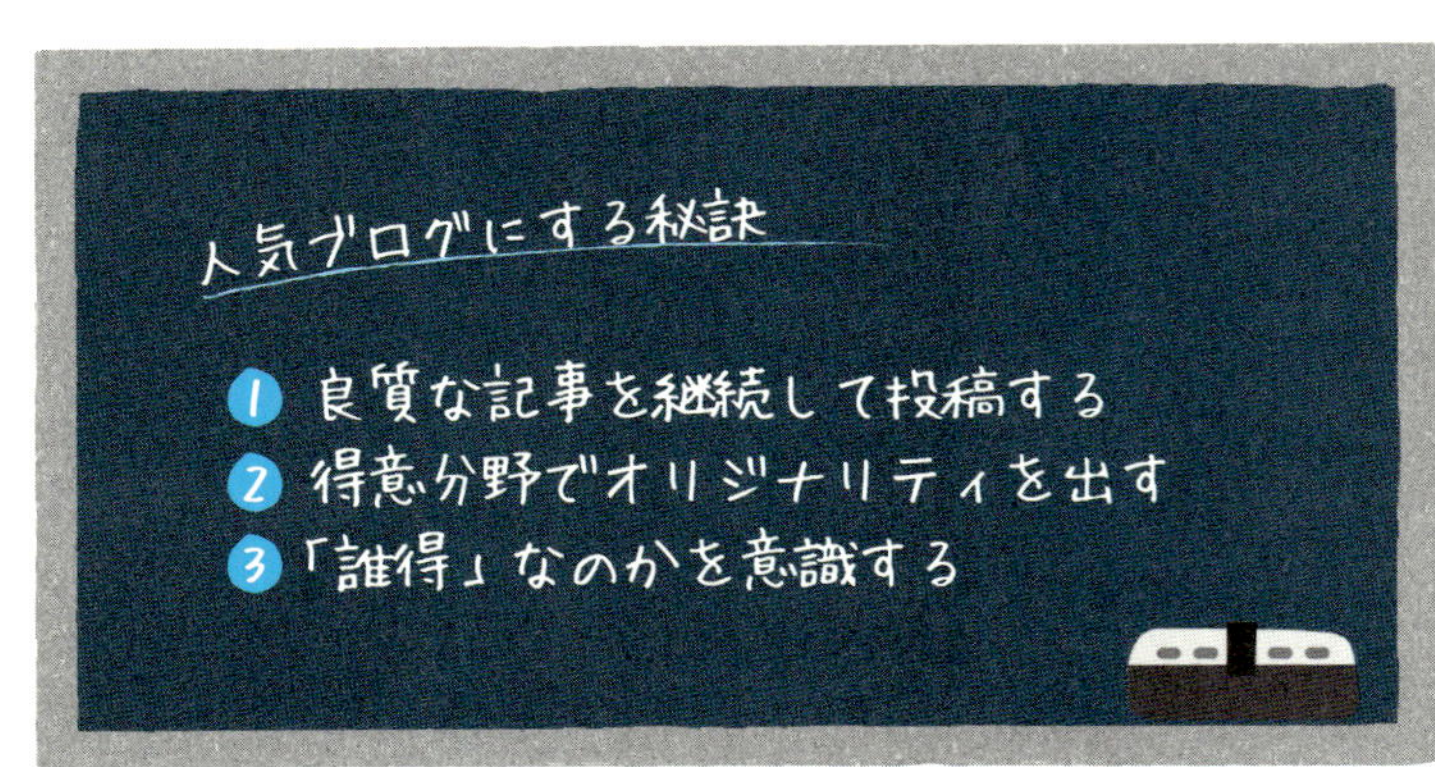

2 鉄板のジャンルと得意分野が合致したらチャンス

あくまでも参考です。みんなが同じことをやるとオリジナリティが薄れるので、このような傾向があるということを踏まえて、自分自身の状況に置き換えながらジャンルを決めるようにしましょう。

イノベーティブな技術の解説

スマートフォンやロボット掃除機など、「**革新的で今までなかった技術やシステムが一般的になったときに、それをテーマにしたブログを作成すると大きなアクセスを呼び込める**」可能性があります。まだ誰もやっていないので、スタートはみんな一緒です。使い方や使用感といった読者の求める情報を、できるかぎり詳しく、あなたの個性を入れて大量に投下することで、そのジャンルのトップレベルに位置することができます。最近では「ポケモンＧＯ」の事例が挙げられます。

海外情報を翻訳、あるいはその逆

語学が堪能な人は、「**海外から最新のマーケティング理論などを仕入れ、わかりやすく翻訳して載せてあげるだけで、アクセスを集めることができます**」。また逆に、イタリアやフランスやロシアでは、本来の意味での「Cool Japan」で日本の文化が大流行しているので、その国の言葉に翻訳して日本文化を解説するコンテンツを提供してあげるのもいいでしょう。

何度も言いますが、日本では大きなイベントが予定されています。それは2019年のラグビーワールドカップ、そして2020年の東京オリンピックです。外国人観光客が成田や羽田から都心へどうやって移動したらいいのか。日本国内のお勧めスポットは、グルメは、おみやげは。提供できる情報はいくらでもあります。その情報を多言語化してあげることで、日本語圏よりも大きな範囲へ情報を届けることができます。

動物系

動物系のブログやTwitterも、特に犬や猫に安定的な人気があります。とはいえ、一般的なペット日記ではほかのブログと同じになってしまいます。可能なかぎり写真を載せる、ペットのダイエット法を載せる、闘病記を載せるなど、独自性を意識して記事を書きましょう。

美しいペット、逆にブサ可愛いペットなど、容姿に特徴があ

PVが増える鉄板ジャンル

- 新しい技術の解説
- 海外情報の翻訳
- 動物系

ると人気が出やすい傾向もあります。もし一風変わったルックスを持つペットを飼っているのであれば、それだけで独自性を生むので、ぜひ発信してみてください。

3 収益をアップさせるためには、配置とサイズが重要

Google AdSenseで収益をあげるためには、まず一定以上のＰＶが必要だと述べました。しかしながら、ＰＶがあっても適切な場所に適切なサイズの広告が配置されていなければ、宝の持ち腐れになってしまいます。広告を適当に配置しているブログと、しっかり考えて検証しながら配置しているブログでは、もちろん後者のほうに大きな成果が発生します。

Google AdSense広告を配置する際は、次の３つのポイントに注意するといいでしょう。

❶ 広告は目につく位置に配置する
❷ 大きなサイズの広告を使う
❸ 広告は最大数を配置する

大枠のイメージは次頁の図を参照してください。ブログのデザインにあわせて、どのパターンを使ってもいいのですが、一つひとつポイントを解説していきます。

● 収益をアップさせる Google AdSense 広告のサイズと配置例（PC 向け）

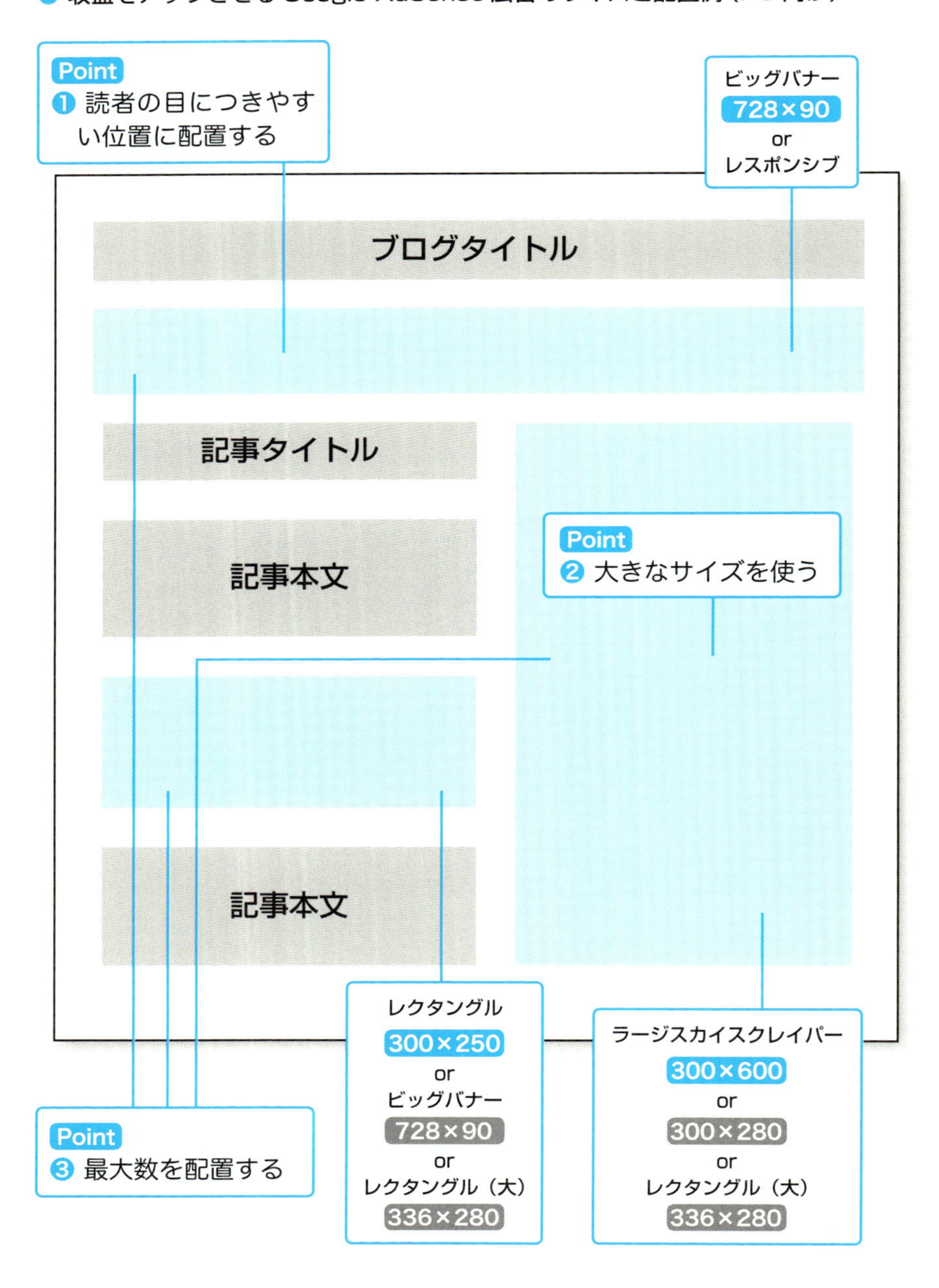

❶ 広告は目につく位置に配置する

「**広告のクリック率が高いのは、記事上部と記事下部**」です。ここは鉄板なので、よほどの信念がないかぎり配置しておきましょう。サイドバーの上部も、視界に入るので悪くはないです。本文内に広告を配置することも有効ですが、読み手の利便性を損ねる恐れもあるので、収益と見やすさのバランスを考えて使い分けてください。

❷ 大きなサイズの広告を使う

とにかく、大きな広告を貼ってください。読者の視界に入らない広告は、存在していないのと一緒です。基本はビックバナーかレクタングル（大）かレクタングル、サイドエリアであればラージスカイスクレイパーかレクタングルがいいでしょう。

❸ 広告は最大数を配置する

とにかく最大個数を貼りましょう。**Google AdSense**の広告ユニットは基本的に「**1ページに3つまで掲載できる**」ので、ひと

広告サイズの解説

- ビッグバナー ⇒ 728×90 サイズ
- レクタングル ⇒ 300×250 サイズ
- レクタングル（大）⇒ 336×280 サイズ
- ラージスカイスクレイパー ⇒ 300×600 サイズ

つあるいは2つしか配置していない人は、何とか3つまで工夫して貼りましょう。

4 忘れてはいけないスマートフォン対応

今では、訪問者の6割がスマートフォンからのアクセスというブログも珍しくありません。もちろん、広告もスマートフォンに最適化させる必要があります。

とはいえスマートフォンの場合、広告を配置する場所もかぎられてきます。記事上部と記事下部にひとつずつ配置するのが一般的です。状況に応じて本文中に配置するか、さらに下のほうに配置するか検証してください。

スマートフォンの閲覧方法は、基本的に縦スクロールです。あまりにも縦長のブログレイアウトであったり長い文章だったりすると、最後まで見てもらえません。要は「**下のほうに広告を配置すると、見てもらえない可能性が高まってしまう**」わけです。長文記事はページの分割をするなど、読者の視野に広告が表示される機会を増やす施策も有効です。

レスポンシブとは

ブログを読んでいる環境（PCかスマートフォンか）を自動的に判別し、それぞれのデバイスに最適なサイズを配信する広告ユニット

● 収益をアップさせる Google AdSense 広告と nend 広告のサイズと配置例（スマートフォン向け）

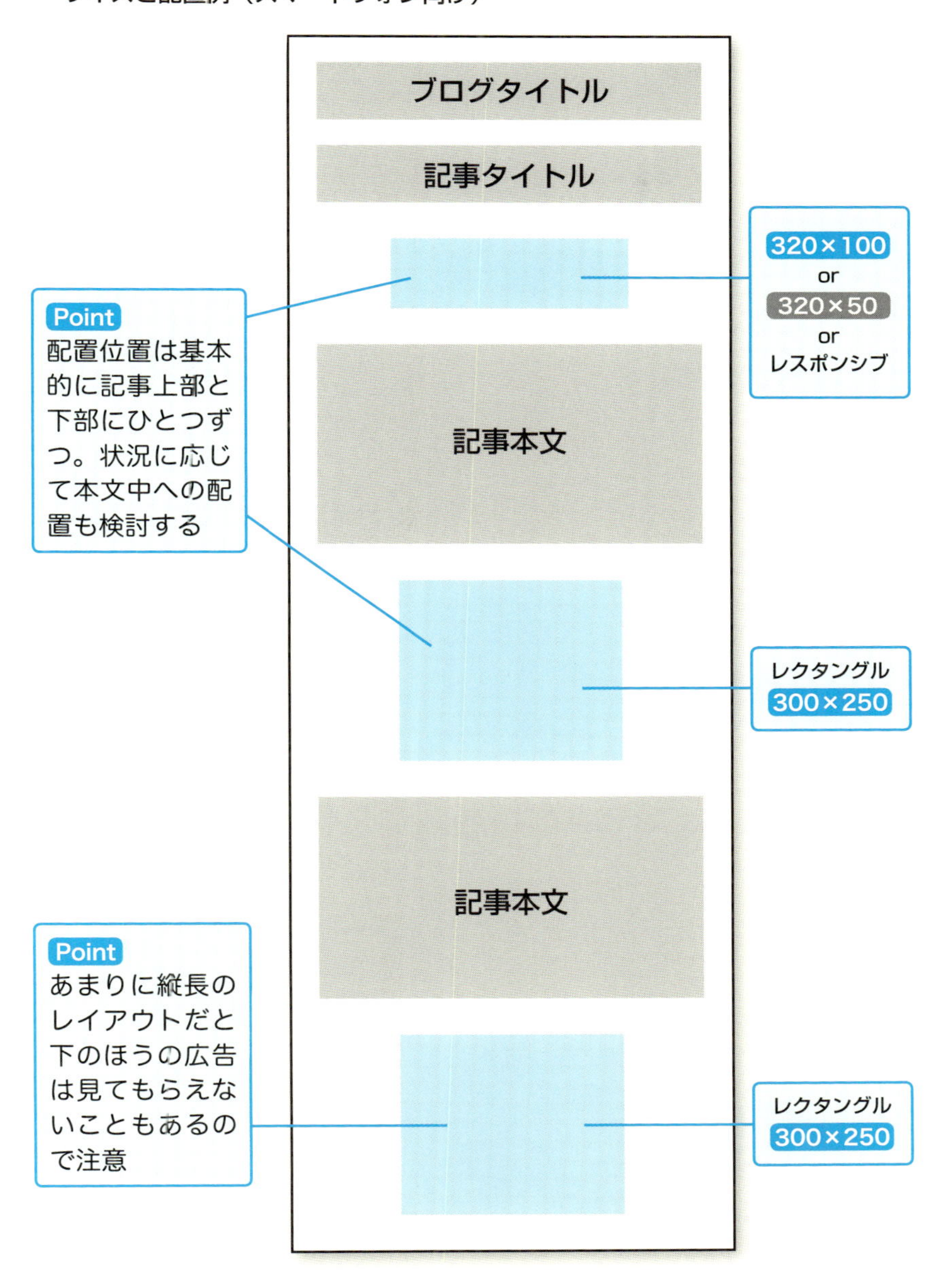

5 単価の高いジャンルを意識して記事を書く

Google AdSenseや**nend**で配信される広告のクリック単価には、一定の法則があります。それは、「**商品やサービスの価格が高い**」あるいは「**ずっと利用してもらうことで全体的な金額が大きくなる（ライフタイムバリューが大きい）**」ジャンルの広告のクリック単価が高くなりやすいということです。逆に「商品単価が低い」「1回の利用で終わってしまう」ジャンルのクリック単価は低くなりがちです。

クリック単価の高いジャンルは、必然的に競合するウェブサイトも多くなります。しかし、独自の知識や経験を保有しているのであれば、十分価値のあるコンテンツとしてユーザーに認識され、効率的に収益をあげることも可能です。一般的に、クリック単価の高いジャンルには下記のような業種があります。

これらのジャンルの中で、あなたの得意分野があれば大きなチャンスです。知識や経験をもとに、質の高いコンテンツをつくることで収益性を高めることが可能になります。

クリック単価の高いジャンル

- 金融・保険
- クレジットカード
- 不動産
- 自動車
- 英語・英会話
- 就職・転職
- エステ・美容・ダイエット

周囲の何気ないひと言から時代を感じ取る必要性

最近、私が注目しているのは製品やサービスの消費スピードの速さです。芸能人もそう、インターネットメディアもそう、ゲームもそうです。一過性のブームで終わるか、定番になれるか。これってビジネスを継続していくために、意識しておきたいポイントですね。1年以上売れ続けていれば定番商品と位置づけてもいいでしょう。でもそんな商品やサービスは、ほんのひと握りです。ほとんどが数カ月で最前線から消えてしまいます。

さらに今の時代、何が売れるのか、何がブームになるのかを的確に予想するのはとても困難です。ですから、商品やサービスを展開してみて世間の反応を見、成功しそうなら進める、難しそうであれば傷口が小さいうちに撤退するという選択が必要になります。この勘所というか、予兆というか、ツボを押さえることが重要なんです。

私の人生を大きく変えた「Xperia 非公式マニュアル」というブログがあります。数年前まで毎日のように更新しメインの収入源でしたが、現在このブログはほとんど更新していません。なぜ更新しなくなったのか。もちろん、仕事が忙しくて時間がなくなったことや、ネタが切れてきたという要素もあります。でも1番大きい理由は、次の言葉を聞くことが多くなったからです。

「昔、よく読んでました」というフレーズ

言われはじめのころは「何だと」と思っていたのですが、各種イベントで同様のフレーズを聞くことが増えてきたときに「今はスマホの解説サイトは読まれてないんだ」と察したのです。当時はまだ1日2万～3万PVありました。でもどんなに更新しても、どんなにSEO対策をしても、どれだけ刺激的な記事タイトルにしても、アクセス数は右肩下がりになっていました。それが、スマホメディアのブームが終わっていく予兆だったんです。私は幸運にもそれに気づいたので（そう判断したので）、軸足を次のステージに移す準備ができました。

時代は気づかぬうちに移り変わっています。そして時代の流れは自分ひとりで変えることはできません。抵抗してもがくのも悪くはないですが、時代の流れを感じ、その波に乗ったほうが少ないエネルギーで成功に近づくことができます。

波に乗るためは、小さな予兆に気づかなければいけません。予兆を敏感に感じ取るためには、意識的にアンテナを張り巡らせて生活することが重要になります。ふとしたキーワードを聞き逃すか、ヒントと捉えるか。通勤時間の1時間をゲームに使うのか、観察時間にあてるのか。1日だけで飽きてしまうのか、1週間かけてじっくり比較検討するのか。

どちらを選ぶのかはあなた次第です。

04 アフィリエイトを中心とした成果（成功）報酬型広告のしくみ

1 成果型報酬広告とは

最近、耳にすることが多くなった「アフィリエイト」という言葉。もしかしたら怪しいお金儲け的な印象を持っている人もいるかもしれません。そんなことはありません。アフィリエイトは、れっきとしたビジネスのしくみで、システムの総称です。それを上手に活用するか、悪意を持って利用するかは、使う人次第なわけです。

アフィリエイト（affiliate）とは、日本語訳で「加入する、提携する」という意味を持つ、インターネット広告の一種です。「**商品を提供する広告主（ECサイトやオンラインショップ）と、商品を紹介するウェブサイト（ブログ）運営者（個人・法人）とを提携させ、商品が売れた際に一定額の成果報酬をウェブサイト（ブログ）運営者に支払う**」というしくみです。そのため、成功報酬型広告とも呼ばれています。

広告主は販売コスト（費用リスク）を抑えながら、ブログ運営者を通じて商品やサービスの積極的な展開が可能で、ブログ運営者は自分の好きな商品やサービスを在庫リスクの心配なく紹介することができます。そしてブログ運営者は、商品が売れた（申し込まれた）際に指定額の報酬を受け取り、広告主は商品の売上が確定してから報酬を支払うという、両者ともに少ないリスクでの運営が可能になります。

2 アフィリエイトには2つのしくみがある

アフィリエイトのしくみを利用する方法は大きく分けて2つあります。ひとつが**Amazon.co.jp**（アマゾンアソシ

● ASPを利用したアフィリエイトのしくみ

エイト）や楽天市場（楽天アフィリエイト）、オムニ7（セブンアフィリエイト）などの**「モール型・商品購入型のオンラインショッピングサイトのアフィリエイトプログラムを利用する方法」**です。そしてもうひとつは、**A8.net**やバリューコマース、リンクシェアジャパンなどの**「アフィリエイトサービスプロバイダ（以下ASP）を利用する方法」**です。ときおり、自社内でアフィリエイトシステムを構築して運用しているオンラインショップやサービス提供会社もありますが、最初のうちは総合モールかASP経由のアフィリエイトに取り組んでみるといいでしょう。

主なアフィリエイトサービスは次の6つになります。

- Amazonアソシエイト（https://affiliate.amazon.co.jp/）
- 楽天アフィリエイト（http://affiliate.rakuten.co.jp/）
- オムニ7 セブンアフィリエイト（https://7af.omni7.jp/top）
- A8.net（http://www.a8.net/）
- バリューコマース（https://www.valuecommerce.ne.jp/）
- リンクシェア（http://www.linkshare.ne.jp/）

3 アフィリエイトの利用方法は多岐に渡る

アフィリエイトの収入だけで生計を立てている人もいれば、アフィリエイトサイト運営を事業として法人化している人もいます。副業としてお小遣いを得ている会社員もいれば、家事のかたわら商品の使用感をブログに書いて収益を得ている主婦もいます。また、病気などの理由で外に働きに出られないがゆえに、自宅でウェブサイトを運営してアフィリエイト収入を得ている人もいます。個人だけでなく、法人もアフィリエイトシステムを活用しています。たとえば永久不滅**.com（https://www.a-q-f.com/）**などのポイント交換サイトには、アフィリエイトのしくみが利用されています。価格**.com（http://kakaku.com/）**などのレビューサイトで紹介している商品も、アフィリエイトが活用されています。

このように、気づかないところで社会に溶け込んでいるアフィリエイトのしくみですが、手順を踏めば誰でも利用できます。個人がアフィリエイトを利用して商品（サービス）を紹介する最大のメリットは、「**自分の持っている情報を提供することにより、お金を稼ぐことができる**」という点です。自分の知識と経験を発信することで、収益化ができるようになったわけです。

アフィリエイトサービスの登録は**Google AdSense**や**nend**と同様に、サービスのプログラムポリシーに準じた内容で10～15記事程度投稿されているウェブサイト・ブログを運営していて、流れどおりに申請すれば問題なく利用できるはずです。もしアフィリエイトプログラムの申込方法でつまずいてしまった場合は、拙著「世界一やさしいアフィリエイトの教科書1年生」（ソーテック社刊）に詳細を載せているので、参考にしてみてください。

05 アフィリエイトでの上手な稼ぎ方

アフィリエイトで稼ぐのにまず必要な要素は、**「売れる検索キーワードでの上位表示」**と、**「読者がほしくなるような情報の提供」**です。そして、**「ブログテーマと商品やサービスとの親和性」**も重要です。

たとえば書評ブログで本を紹介したり、日々の晩ごはんのレシピを載せているブログで野菜の宅配サービスを紹介したりするのには、違和感がありません。海外旅行記のサイトで英会話の教材を紹介するのも自然です。これが親和性の高さです。ペットの紹介ブログでいきなりクレジットカードの紹介をされたらどう感じますか？　ゲームの攻略サイトで化粧品の記事が掲載されたら？　読者は戸惑いますよね。

このように、ブログのテーマと紹介したい商品の関係性は非常に重要です。**「効率的にアフィリエイトで成果を出すためには、ジャンルを絞って親和性の高い商品を紹介したほうが、早く結果が出やすい」**傾向にあります。

1 購入意欲の高い読者層向けの検索キーワードでの上位表示をねらう

あなたが検索エンジンを利用するときは、どのような状況でしょうか。大きく分類すると、「**悩み（疑問）を解決したいとき**」に検索エンジンで調べ物をするはずです。この検索時に使用するキーワードを研究することで、商品やサービスに対して関心度の高い読者を集めることができます。なお一般的に、「ダイエット」や「クレジットカード」「ハワイ」などの単語のことを「**ビッグキーワード（単独キーワード）**」、「ダイエット　食事」や「クレジットカード　年会費」「ハワイお勧め　レストラン」など、複数の単語を組みあわせたものを「**複合キーワード**」と呼びます。

確かに、ビッグキーワードで検索結果の上位に表示されれば、大きなアクセスを呼び込むことが可能です。しかしアフィリエイトで重要なのは、アクセスを集めることではありません。「**その情報を求めている読者層、商品やサービスに興**

アフィリエイトで上手に稼ぐための方程式 検索キーワード × 文章力 × 報酬単価

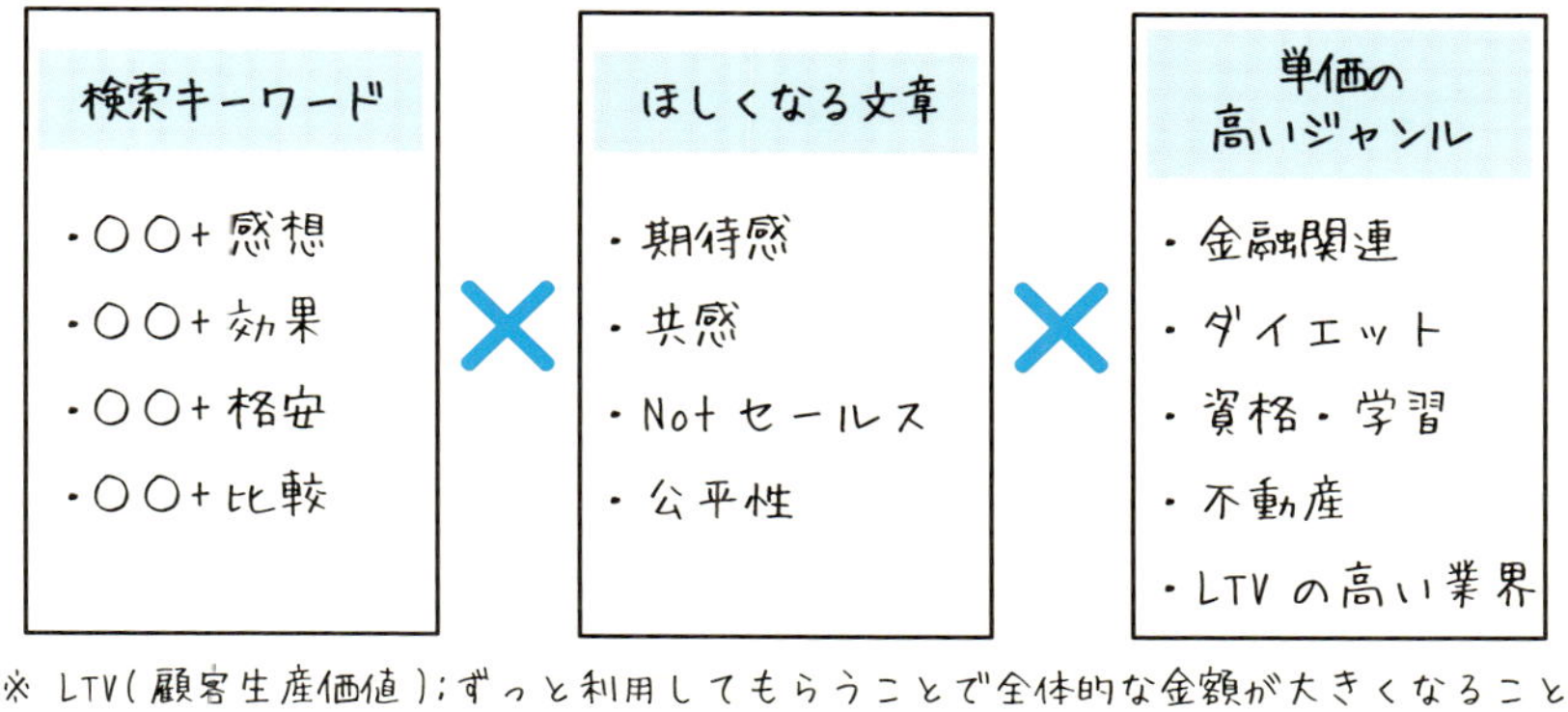

検索キーワード		ほしくなる文章		単価の高いジャンル
・〇〇＋感想	×	・期待感	×	・金融関連
・〇〇＋効果		・共感		・ダイエット
・〇〇＋格安		・Not セールス		・資格・学習
・〇〇＋比較		・公平性		・不動産
				・LTV の高い業界

※ LTV（顧客生産価値）：ずっと利用してもらうことで全体的な金額が大きくなること

味がある読者層に届けることこそが、アフィリエイトで収益をあげるために必要な要素」になります。では、その複合キーワードはどうやって見つけ出せばいいのでしょうか。

情報を探している人の気持ちになってみる

1番基本で、まず最初にやるべきことです。「**読者がどのような情報を求めているかを想像することで、必要なキーワードを抽出していく**」方法です。自分が情報を探しているときの気持ちや、検索のしかたを思い出しながらキーワードを見つけていきましょう。

たとえば電子レンジが故障した際に、「電子レンジ（商品名・型番）故障」や、「電子レンジ　エラー番号」などで検索することも考えられます。ほしい商品があった場合は、「商品名　感想」や「商品名　レビュー」と検索することが想定できます。転職を考えている人であれば「職務経歴書　テンプレート」や「転職サービス　おすすめ」と検索するでしょう。「退職願　書き方」や「失業手当　手続き」で検索するかもしれません。

このように、「**検索に使用されるであろうワードを書き出して、その文字を含めたタイトルや本文、そして解決法を書いていく**」必要

Yahoo!知恵袋 みんなの知恵共有サービス
(http://chiebukuro.yahoo.co.jp/) を
活用しよう!

があります。

また、インターネットで検索キーワードを探す場合、特に活用できるのは**Yahoo!**知恵袋です。ここには人間の悩みが詰まっています。自分の取り扱う商品に関連するワードで検索し、さまざまな相談内容を読んでみましょう。人間の生の悩みと解決法が提示されています。

街に出てリサーチする

インターネットで検索をするということに固執してしまうと、視野が狭くなってしまいます。検索キーワードを探すのに、インターネットで情報収集するだけでは不十分です。自分の気づかないキーワードは、現実社会にたくさん存在します。

まず最初に行く場所は「**書店の雑誌コーナー**」です。徹底的にチェックしましょう。自分の取り扱いたい商品のジャンルでもかまいませんし、近隣するジャンルでもかまいません。雑誌の中身については、「**広告（記事広告も含む）を重点的に見ていく**」ようにしましょう。そこには、読者を惹きつけるためのキーワードやヒントが散りばめられています。

「**自分が取り扱いたい商品、あるいは同じジャンルを取り扱うショップに行く**」こともお勧めです。商品自体の比較もできますが、ショップには販売員というその道のプロがいます。敏感肌の人にマッチした美容法を熟知しているのは、化粧品売り場の店員です。エステティシャンもそうでしょう。今年の流行色やデザインに詳しいのは、人気アパレルショップの店員さんです。彼ら彼女らの生の声、生の接客を聞くことで、得られる情報は数多くあります。「**接客を受けて、〃あ、**

ほしいかも〃と思ったら、それは人の心を動かすキラーキーワード」です。あなたの購入意欲を動かしたワードは、しっかりメモをしておきましょう。

2 少額報酬の商品をたくさん売るか、高額報酬の商品をピンポイントに売るか

アフィリエイトで報酬を得るためには、さまざまな方法があります。ここでは、報酬金額の差による次の2つの方法をお話しします。

❶ 少額報酬の商品をたくさん販売して稼ぐ方法
❷ 専門性を活かして高額商品をねらって稼ぐ方法

❶ 少額報酬の商品を数多く売る

Amazonアソシエイトや楽天アフィリエイトを中心とした、物品販売のプログラムに適しているやり方です。書籍や電化製品、スマートフォンケースなどの嗜好品や、食料品や生活必需品などの消耗品といった、数百円、数千円程度の商品は、品数も商品展開も顧客層も幅が広いです。また高価な商品ではないため、購入する心理的障壁も比較的低くなります。「**〃2000円だから**

試しに買ってみようかな〃という気持ちにさせてあげればいい」のです。

たとえば、**Amazon**アソシエイトの平均的な料率は3％ですから、2000円の商品を販売すれば60円の収益になります。アフィリエイトサービスプロバイダの提供するアフィリエイトプログラム、たとえばバリューコマース社で提供されているホットペッパーのクーポン利用プログラムでも、1件数十円の報酬が得られます。「**各ASPのプログラムを確認して、自分のブログの内容とマッチしているプログラムや商品があれば積極的に提携し、記事に挿入しましょう**」。

❷ 高額報酬の商品をピンポイントに売る

アフィリエイトプログラムの中には、クレジットカードや保険の申し込み、語学教材など、1件あたりの報酬額が5000円を超えるようなプログラムも数多くあります。報酬料率は1～2％と低くても、パソコンや旅行のプログラムは購入金額の総額が大きくなるため、結果として1件の成約で数千円の成果を生み出すことができるのです。

少額報酬の商品をたくさん売るコツ

- 「〇〇〇円だから買ってみようかな」という気にさせてあげればOK
- ⇒ 自分のブログとマッチする商品があれば積極的に提携して記事に取り入れる

クリック報酬型広告の項でも紹介しましたが、一般的に保険やクレジットカードなどお金に関するジャンルや、英会話や転職などの自己成長ジャンル、またエステやダイエットなどの美容関係のジャンルは、1件あたりの報酬額が大きい傾向にあります。これらのプログラムに共通しているのは、「**LTVが大きい＝一生涯で使う絶対額が大きい**」ジャンルだということです。

しかしながら、これらの高額報酬プログラムには数多くのライバルが存在します。「クレジットカード」や「英会話教材」で検索してみると、同じプログラムを取り扱っているブログやウェブサイトが数多く表示されると思います。どのウェブサイトも専門性が高く、良質な情報を読者に届けています。「**高額プログラムのジャンルを取り扱うことは、これだけのライバルと戦わなければいけないということを認識しておきましょう**」。

もちろんあなたが就職活動や転職活動について「一般人より詳しい」という自信があるのであれば、このジャンルにチャレンジしてみてもいいかもしれません。今提供されている情報よりも読者に対して価値を提供できれば、記事を読んだ人はあなたを信用して申し込んでくれるでしょう。ただ、報酬額が高いからという

高額報酬の商品を確実に売るコツ

- LTVが大きい商品を効果的に取り扱う

⇒ 報酬が高額なため、ライバルも多い。今あるものよりも良質な情報を発信して読者に価値を提供しなければいけない

理由で参入するのだけは避けてください。「**報酬額だけを見てプログラムを選んでも、読者に価値を提供できていなければ成果は発生しません**」。

3 商品（サービス）を軸にするのか、自分の個性を軸にするのか

アフィリエイトブログの書き方には、何に軸（主体）を置くかによって次の2つがあります。

> **❶ 商品軸アフィリエイト**
> **❷ 自分軸アフィリエイト**

❶ 商品軸アフィリエイト

「**これからアフィリエイトをはじめる人は、この商品軸アフィリエイトからスタートすることをお勧めします**」。得意分野・興味のあるテーマに絞ってブログを運営することで、濃い情報の発信が見込め、他者との差別化も図れます。またテーマが絞られたブログは、検索エンジンにも好まれる傾向があるので、一定のキーワードでの上位表示も見込めます。

たとえば2時限目で紹介している「世界のコスメから」。さまざまなコスメ用品のレビュー記事や肌の手入れ方法を掲載しており、親和性の高い化粧品や美容グッズのアフィリエイト広告を掲載しています。

同様に、私が英会話を学びたいと思っていた際にはじめた「スピードラーニング」という英語教材があります。このスピードラーニングもアフィリエイトプログラムがあったので、英語の勉強過程を「スピードラーニング英語 全48巻体験記」（**http://torisetu.net/english/**）で公開しています。特に英語が話せなくても、英会話の成長度あいや、教材のいい点・足りない点を紹介していくことで、関心のある人が訪れてくれるわけです。

❷ 自分軸アフィリエイト

「**自分の体験や考え、お役立ち情報など、ノンジャンルの情報を提供するブログを運営し、記事それぞれの内容に親和性の高い商品を紹介していくスタイル**」です。本を読んだ、海外旅行に行った、イベントに行った、掃除機を買った、日常生活がすべてブログ記事のネタとなり、収益化させることも可能です。ジャンルによってはアフィリエイト商材がない場合もあります。そんなときは、無理にアフィリエイトリンクを載せるのではなく、**Google AdSense**などのしくみで収益化を図るといいでしょう。2時限目で紹介しているブログ運営者たちは、この自分軸アフィリエイトに属していることが多いです。

自分軸アフィリエイトで最も重要なポイントは、信用度です。言い換えると「**〝あの人がオスス**

メするなら間違いない〟と、どれだけ読者に感じてもらえるか」が大切になります。私が運営する「**Xperia**非公式マニュアル」の場合、散々スマートフォンやアプリを使ってきた私がお勧めする端末なら、アプリなら、スマートフォンケースなら間違いないだろうと読者は感じ、私の感想を信用して購入していくわけです。

自分軸アフィリエイトで忘れてはいけないのが、あなたのプロフィール

自分軸で物事を語る場合、語り手のバックボーンは大きな意味を持ちます。商品軸の場合は圧倒的な情報量さえあれば、その情報を信頼して商品を買っていきます。しかしながら自分軸の場合は、あなたのキャラクターという文脈が重要なのです。「**できるだけ多くの個人情報を載せておきましょう**」。好きなこと、得意なこと、出身、現住地、通っていた学校、資格、人生の谷間や、そのときに学んだこと、ポリシー、何でもかまいません。共通点があればあるほど、読者は不思議と親近感を持ってくれます。信用のレベルが、勝手に一段階上がるのです。

アフィリエイトには、いくつかのやり方が存在します。どの方法が優れていてどの方法が劣っている、どの方法が正解でどの方法が誤りということはありませんが、あなたにとっての向き不向きという違いはあります。自分のやりたいこと、現在できることを踏まえたうえで、どのやり方が現在の自分に最適なのかを判断し、選択しましょう。

06 商品を売るための文章の書き方

検索エンジンの上位表示と文章の質は両輪なので、どちらが先ということはありません。「**ブログ内の情報量が多く質が高いと検索エンジンに判断されることで、任意のキーワードでの上位表示が達成される**」ためです。しかしここでは便宜上、順を追ってお話しします。

検索エンジン、あるいはＳＮＳなどで興味を持ってくれた読者に対して、適切な情報を届けることにより、結果としてあなたのブログを通じて商品やサービスが売れていきます。ですから、書いてある内容というものは非常に重要な要素になります。

1 何よりも強い体験談

アフィリエイトにかぎらず、情報として強いのは体験談です。みなさんも商品購入を検討する際に、ユーザーの感想やレビューを参考にしますよね。実際に商品やサービスを利用した人がよかったといえば商品購入の後押しになりますし、批判的な意見があったらブレーキになります。

そしてもう1点、「**体験談の強み**」があります。それは、オリジナリティです。使う商品は一緒でも、感想は人それぞれ違います。あなたの感想や体験談は、それだけで独創性あふれる文章になります。

わざわざ新たに商品を買わなくても、今まで生きてきた経験や知識を掘り起こすだけで、立派な体験談ができあがります。

資格取得経験あり 勉強方法のシェアや、お勧めの参考書の紹介ブログ
↓ 資格系のアフィリエイトや書籍物販のアフィリエイトを利用

旅行が好き お勧めの観光スポットや穴場、役立ちグッズを紹介するブログ
↓ トラベル系や旅行グッズ系のアフィリエイトを利用

ダイエット経験あり ダイエット記録や食事制限、トレーニング方法の紹介ブログ
↓ 美容・ダイエット系のアフィリエイトを利用

メイクアップ系の仕事経験 簡単メイク術やお勧めのスキンケア方法の解説ブログ
↓ 美容・コスメ系のアフィリエイトを利用

語学に堪能　単語の覚え方やヒアリング、スピーキングのコツの解説ブログ
↓ 語学教材やオンライン英会話のアフィリエイトを利用

パソコンに詳しい　パソコンの機能比較やアプリの使用方法の解説ブログ
↓ パソコンや周辺機器の販売

育児経験あり　育児の悩みや役に立ったグッズなどを紹介するブログ
↓ 育児グッズなどの販売

ほかにも、ブログのテーマを決めるヒントは日常に数多く潜んでいます。「**あなた自身が学び経験してきたことは、ブログ運営に、そしてアフィリエイトを行うにあたり、大きな宝物になります**」。これらの事例をヒントにして、自分の得意分野を活かしたブログをつくり出しましょう。

2　リアルタイムで成長している様子を実況中継する

今勉強している、あるいはこれから学んでいきたいジャンルをテーマにすることもお勧めです。「**実際にリアルタイムでチャレンジし、成長具合や効果を読者と共有することで、信頼感や一体感をつくり出す**」ことができます。

たとえば「ダイエットにチャレンジ」しているならば、トレーニングの内容や食事制限の内容、日々の体重の推移などをこと細かに載せることで、信ぴょう性が生まれます。もしかしたら、共感してくれた読者から応援されるかもしれません。ダイエット系のアフィリエイトプログラムは数多くあるので、金銭的に無理のない範囲で体験してみてもいいでしょう。

また、「語学を学ぶ」というテーマなら、勉強方法や使用している語学教材の感想を載せていくといいでしょう。その成長を毎日、週ごと、月ごとに振り返っていくことで、記事にリアリティを出すことができます。ちょっとでも成長を感じられる記事になっていれば、読者は「自分にもできるかも」と思い、使用している語学教材を購入してくれる可能性があります。

「臨場感」と「共感」

これから学びたいことをテーマにするブログで重要なポイントは、「**臨場感**」と「**共感**」です。「**いかに現場の雰囲気を記事に織り交ぜられるか、いかに悩みや苦労の状況を記事として伝えられるか**」により、読み手の共感度は変わります。

あなたの個人情報は、無理のない範囲で、できるだけ公開しましょう。自分の**TOEIC**の点数を載せることで同じレベルの英語力の人が共感してくれます。最初の身長・体重・体脂肪率、ダイエット中のデータを載せることで、同体型の人が共感してくれます。「**あなたと読者の共通点が多ければ多いほど、あなたのブログの内容を信用し、あなたに効果が出た商品を購入してくれます**」。この信用度の積み重ねが、結果として収益をアップさせる要素になるのです。

3 公式サイト以外の情報で付加価値を生む

公式サイトで確認できる内容を、あなたのブログに掲載しても意味がありません。それは単なる情報の横流しで、価値を生み出すことはできません。4Kテレビのスペックを知りたければ、ソニーのホームページでスペック表を見ればいいのです。プロテインのタンパク質含有量を知りたければ、販売元のホームページで成分表を見ればいいのです。

読者が求めているのは、あなたの主観です。**「客観的なデータは公式サイトに任せて、商品を実際に使ってみたあなたの感想が知りたい」**のです。実際に使用しているときの写真や動画を掲載してもいいでしょう。その情報が新たな価値となり、価値として認識してくれた読者が商品を購入するのです。

さらに、第三者的な「公平性」も重要です。全体的に素晴らしく完璧だったというサービスであれば、その感動を熱量たっぷりに伝えるだけの文章でかまいません。しかしながら世の中は、完璧な商品・サービスばかりではありません。何かしら足りない点もあったはずです。

たとえばスーツケース。「頑丈でデザイン性に優れている」という利点もあれば、「持ち歩くにはちょっと重い」という足りない点もあります。「自由に荷物を入れられるスペースが多い」という利点もあれば、「ポケットなどが少なくて、仕分けが大変」という足りない点もあります。物事にはすべて裏表があって、すべての利用者に対して完璧なサービスというのは数少ないものです。

「**中傷はいけませんが、事実をしっかり伝えることは大切**」です。長所・短所、両側の情報を正確に伝えることで、あなたに対しての信用度が増します。公式サイトでは自社の製品の短所を述べることはできません。ユーザーからの目線として、あからさまなべた褒めではない、「**メリット・デメリットを比較したうえで、メリットが上回るからお勧めできるというあなたの主観が、読者にとって大切な情報**」となるのです。

4 悩みの解決方法を提供する

単に商品やサービスを紹介するだけでなく、読者のライフスタイルが少しでもよくなる期待度が高ければ高いほど、購入に対するハードルは下がります。

先ほどのダイエットの事例であれば、あなたのブログに訪れる読者は体重に関するコンプレックスを持っていることが想定されます。その悩みを解決して、未来の自分に少しでも向上するような期待感を持ってもらうことが重要です。この商品を使えば自分にも同じような未来が訪れるかもしれないという期待を持った読

商品が売れる文章の書き方

- 自分の体験談を語る
  ⇒公式サイトからは得られないリアルな情報を提供する
- 悩みの解決方法を提示する
  ⇒決して押し売りはしないこと！

者や、あなたの体験や感想に共感してくれる人が、商品を買ってくれるのです。情報という価値を提供し、対価として報酬を受け取る。この信頼関係を積みあげていくことにより、報酬額は向上していきます。

5 難しい言葉を避けて、日常生活で使う言葉を選ぶ

知識が増えたり、経験を積んだりしていくと、どうしても業界用語や専門用語を使いたくなってきます。ただ、考えてみてください。その用語が通じる人は、あなたと同じレベルの知識量を持っている人です。そのような読者があなたから商品を買うでしょうか？

あなたより経験が浅い人が悩みを解決しにブログに訪れ、「なるほど」と感じてくれるためには、読み手の理解度を意識した言葉を使う必要があります。1時限目04でも書きましたが、「**子どもでも理解できる言葉で**」文章を書くことで、言葉の意味を理解してもらえるのです。

書いてあることが理解できなければ、もっとわかりやすいブログに移動してしまうことでしょう。結果として、あなたから商品を買うことはありません。「**知識を得て自分自身のレベルアップを図ることは確かに重要ですが、それを読み手に押しつけない**」よう、気をつけましょう。

6 押し売りしない

押し売りされるのは嫌ですよね。それは読み手も一緒です。そんなことは重々わかっているのに、自分のブログで商品を紹介するとなると、その商品を褒めちぎった挙句、「すごくいいからぜひ買って試して！」と押しの強い文章になってしまうことがあります。無理強いすることで、せっかく生じた購入意欲を減退させてしまう恐れだってあるのです。

改めて言います。押し売りはやめましょう。売りたい気持ちをグッと抑えましょう。あなたが読者にできることは、紹介や提案です。買うかどうかを決めるのは、あくまで読み手なのです。しっかりとしたレビューを書いて、文末に公式サイトへのアフィリエイトリンクを貼っておけば、興味のある読者はリンクをクリックします。興味のない人は離脱していくだけです。「**最終判断を読者に任せる気持ちの余裕を持つことで、押し売り感を減らす**」ことができます。

とにかく訪問者に情報という価値を提供し、喜んでもらうことが結果的に報酬につながります。そして、物を売れるという能力はどこに行っても通用します。その意識を持って、格好よくお金を稼いでください。

07 忘れてはいけない確定申告

確定申告は、毎年1月1日から12月31日までの1年間に生じた所得について、翌年2月16日から3月15日（土日祝日の状況によって変動する場合もあり）までの間に、所轄の税務署に申告する必要があります。

● 国税庁のHP／確定申告（http://www.nta.go.jp/taxanswer/shotoku/2020.htm）

1 確定申告の必要がある人は？

❶ ブログで生計を立てている人（専業ブロガー）

アフィリエイト収入や**Google AdSense**収入などで生計を立てている人は、「必ず」申告してください。

❷ 副業所得が年間20万円を超える会社員（副業ブロガー）

会社員（給与所得者）でも、年間20万円を超える副業からの所得がある人は確定申告をする必要があります。収入の内訳は、アフィリエイトでも、**Google AdSense** のようなクリック報酬型のサービスでも、アルバイトでも一緒です。年間20万円超の副業収入を得ている場合は、必ず確定申告の手続きをしましょう。

もしわからない場合は、最寄りの税務署に相談しに行けば丁寧に教えてくれますし、申請漏れを防ぐことにもつながります。

2 申告期限は厳守

確定申告は3月15日までに最寄りの税務署に申告しましょう。期限ギリギリになると税務署も混雑してくるので、なるべく早い準備と申告を心がけてください。相談するにしても、混雑しているときより空いているときのほうが落ちついて話ができます。

万が一、申告が遅れた場合でも無申告は避けましょう。期限後申告でも、申告を行わないよりはるかにいいです。要件によっては無申告加算税が課されない場合もあります。

● 確定申告を忘れたとき（https://www.nta.go.jp/taxanswer/shotoku/2024.htm）

3 経費にできる項目

経費は、ブログで収益を得るために要した分だけ計上できます。ただし、何でもかんでも経費にするのはやめましょう。経費に該当するものは、下の表のような費用になります。全額経費として計上するには、ブログ運営のための用途のみに使っていることが条件になります。もしプライベートとの併用であれば、ブログ運営用とプライベート用の割合でかかった経費を分けます（按分）。

ポイントや電子マネーも収入として計上しよう

意外と忘れがちなのがポイントです。「**楽天スーパーポイント**を代表としたポイントも、収入として計上する必要がありま

● 経費にできるもの一覧

項目	注意事項
消耗品費	10万円以下のパソコン、デジタルカメラ、プリンタ、インクなど ※ 10万円以上のものは減価償却資産として減価償却をする必要がある
新聞図書費	ブログ運営業務に必要な関連書籍、情報誌、新聞など
通信費	インターネット回線費用、レンタルサーバー代金、独自ドメイン代金など
旅費交通費	ブログ運営関連の勉強会やイベントに参加するための交通費、宿泊費など
雑費	勉強やセミナー、イベント、ワークショップなどへの参加費、振込手数料など

す」。楽天キャッシュは電子マネー扱いなので、もちろん計上しなければなりません。ポイントという言葉だと収入である意識が低くなりますが、お金と同等の扱いです。

また、一部では「ポイントは使ったときに収入とみなされる」という見解もありますが、原則的にはポイントを受領した時点で収入発生となるので、申告漏れのないようにしましょう。

4 確定申告には青色申告と白色申告とがある

確定申告には青色申告と白色申告がありますが、平成26年度分の申告から白色申告の数少ないメリットがなくなってしまいました。青色申告には特別控除などのメリットがたくさんあるので、青色申告を選ぶことをお勧めします。

また会計ソフトを使うと、経費の記入や確定申告に必要な書類も簡単につくることができます。詳しくは「ダンゼン得する　知りたいことがパッとわかる　青色申告と経費・仕訳・節税がよくわかる本」（ソーテック社刊）といった書籍がたくさん出版されているので、参考にしてみてください。

5 e-Taxを活用しよう

国税庁が運営する**e-Tax**というウェブサイトを利用することで、税務署に行かなくても自宅のパソコンから、インターネットを活用して確定申告の書類を提出することができます。

●【e-Tax】国税電子申告・納税システム（http://www.e-tax.nta.go.jp/）

ほかにも、添付書類の提出省略（法定申告期限から5年間は税務署から提出を求められる可能性あり）、還付がスピーディー（3週間程度で処理）、24時間受付などの利点があるので、自分の状況にあわせて活用しましょう。

●確定申告特集　確定申告に関する情報の総合窓口（https://www.nta.go.jp/tetsuzuki/shinkoku/shotoku/tokushu/）

確定申告用の特集ページがあるので、はじめての人でも不明点を調べながら申請することができます。ぜひチャレンジしてみてください。

不明点があったらとにかく最寄りの税務署に相談しよう

確定申告の手続きでわからないことがあったら、とにかく最寄りの税務署に相談しましょう。書類の書き方や、収入や経費の算出法について正式回答を受けられます。先ほども書きましたが、確定申告期限が近づくと窓口が混雑するので、なるべく早い時期に相談に行くようにしましょう。

5時限目
最強のブロガーになる方法

01 ブログを通じて新たな出会いや可能性が生まれる

前章まではブログ運営の考え方や方法、具体的事例など、これからブログをはじめたい、あるいはすでに運営している人にとって役立つようなお話をしてきました。この5時限目では、ブログの秘めた可能性についてご紹介していきたいと思います。

1 会社員から専業ブロガーになるまでの道のり

私の現在の仕事はブログ運営による広告収入だけでなく、書籍の執筆、講演、企業や個人のコンサルティングから地方自治体や商工会議所のアドバイザーまで、多岐に渡っています。もちろん、これらの仕事もはじめからあったわけではなく、私も最初は普通の会社員でした。ただ一般的な会社員とひとつ大きく違っていたのは、淡々と何年間もブログを書き続けていたことでしょうか。

会社員時代の生活

勤務した会社は12年で3社。職務的には営業から人事、総務、営業管理、企業投資担当などいろいろなことをやりましたが、主に新卒・中途採用業務が長く、7年ぐらいは人事業務を担当していました。はじめからＩＴ分野の仕事に特化していたわけではありません。ブログをはじめたのは２００４年ぐらいで、会社勤めをしながら日記的な雑記ブログを書いていました。結婚を機に、２００６年から妻の創作料理を紹介していくレシピブログをはじめましたが、当時は別にブログで稼ぎたいという意識はなかったので、ただ記事を公開してアクセスが集まるのが楽しかったり、モニターで野菜やキッチン用品がもらえるのがうれしかったりしたものです。とはいえ、自分の書いた記事の対価としてお金が得られる可能性を認識しはじめたのも、このころでした。

「**自分の情報を発信することにより収益が生み出せる可能性**」を感じた私は、複数のブログを運営しはじめます。その中のひとつが、「銀座ランチガイド」というデータベース的なブログでした。当時は勤務地が新橋だったので、銀座近辺のランチスポットを日々開拓して記事にしていました。会社員時代は朝6時起きで、帰宅が21時ぐらい。それから妻と一緒に料理をつくりはじめて、食べて飲んでブログを書いて、1時か2時ぐらいに寝るという生活でした。今振り返ると、4時間睡眠でよくやっていたと思います。

専業ブロガーになるきっかけ

その後、2008年に発生したリーマンショックの影響で勤めていた会社の業績が急激に傾き、2009年5月15日づけで会社を辞めました。このあたりのエピソードは、著書「ブログ飯」（インプレス刊）の鬼嫁コラムを立ち読みしていただければと思いますが、会社を辞めたあと、当時のブログからの収益は1カ月5万円に満たない程度だったにも関わらず、就職活動もせずにブログ中心の生活スタイルを送っていたのです。辞めた会社から早期退職制度による割増退職金を1年分もらっていたこともあり、1年間がんばればブログで生計を立てられるようになるんじゃないかという、根拠のない自信を心の支えとしていました。

努力が報われたのか、単に運がよかったのかは神のみぞ知るところですが、ちょうど1年後の2010年4月に運営開始した「Xperia非公式マニュアル」というブログが、大きな収益を生みます。何とか夫婦と息子、そして愛猫が生活できるだけの稼ぎを、ブログから生み出せるようになったのです。

2 ブロガーとしての能力をあげる道のり

Google AdSenseの使い方を見直す

やっと家族が生活できるレベルまで収益があがったので、それまで自己流だったブログ運営を客観的に見つめ直したいと外の世界を学びはじめたところ、とあるご縁で**Google**の日本本社にお邪魔する機会を得ました。その勉強会で**Google**の担当者から多くのアドバイスをもらい、ブログの改善にいそしみました。アドバイスをベースに、自分で検証を繰り返した結果、「**Xperia**非公式マニュアル」が**Google**公認である「**Google AdSense**成功事例」に掲載されることになりました。単なるひとりのブログ運営者が、小さなきっかけやご縁を活かすことにより、公式で**Google**に取りあげてもらえたのです。

アフィリエイトをはじめる

Google AdSenseに詳しい人というお墨つきをもらった私が、次に力を入れたのがアフィリエイトです。「**Xperia**非公式マニュアル」でもスマートフォンケースなどのアフィリエイトプログラムでは成果を伸ばしていたのですが、売れる文章力を身につけておきたいと考え、「英会話初心者のスピードラーニング英語『全48巻』体験記」というブログの運営もはじめました。スピー

● Google AdSense成功例として「Xperia非公式マニュアル」が掲載された

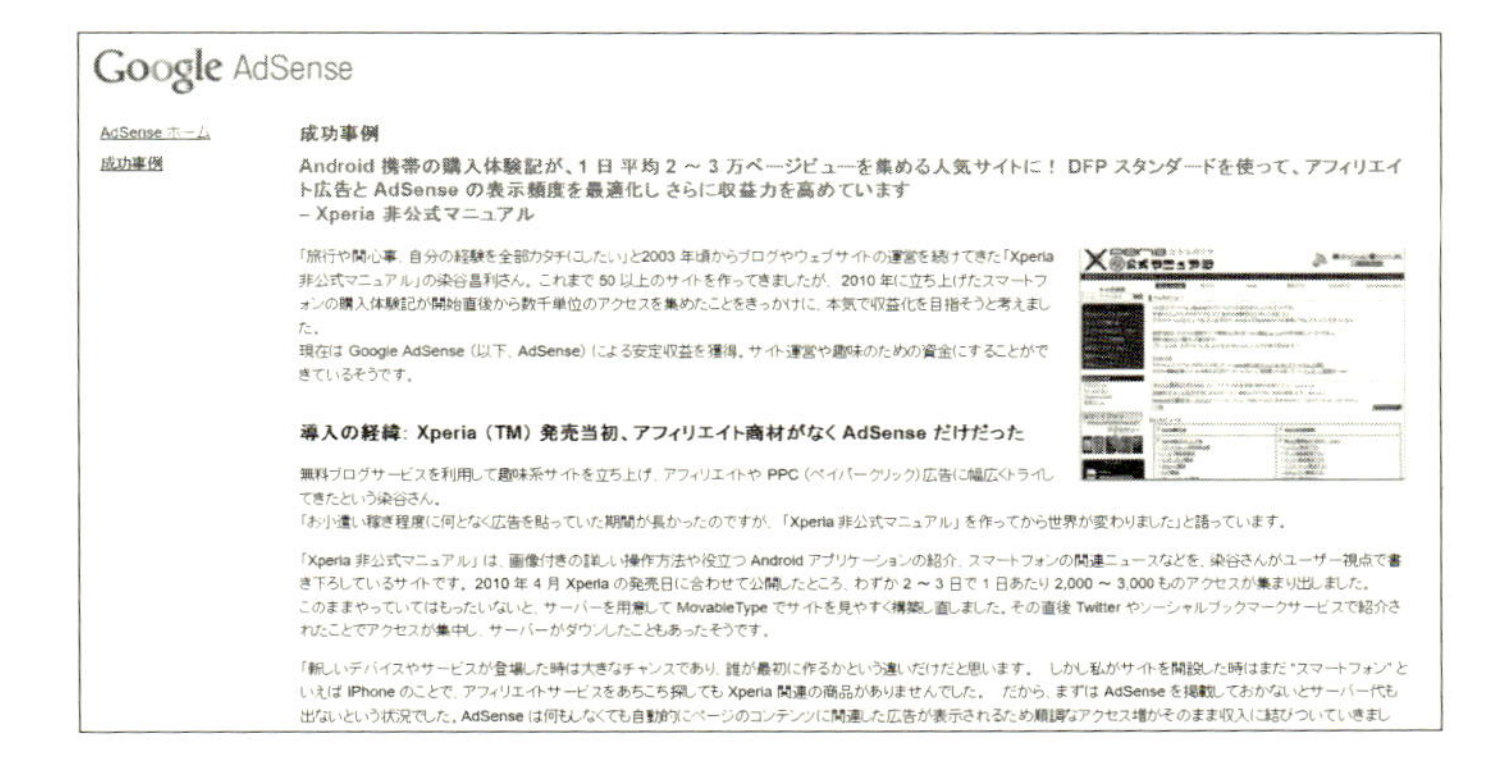

Google AdSense

AdSense ホーム
成功事例

成功事例

Android 携帯の購入体験記が、1 日 平均 2 ～ 3 万ページビューを集める人気サイトに！ DFP スタンダードを使って、アフィリエイト広告と AdSense の表示頻度を最適化し さらに収益力を高めています
– Xperia 非公式マニュアル

「旅行や関心事、自分の経験を全部カタチにしたい」と2003 年頃からブログやウェブサイトの運営を続けてきた「Xperia 非公式マニュアル」の染谷昌利さん。これまで 50 以上のサイトを作ってきましたが、2010 年に立ち上げたスマートフォンの購入体験記が開始直後から数千単位のアクセスを集めたことをきっかけに、本気で収益化を目指そうと考えました。
現在は Google AdSense（以下、AdSense）による安定収益を獲得。サイト運営や趣味のための資金にすることができているそうです。

導入の経緯：Xperia（TM）発売当初、アフィリエイト商材がなく AdSense だけだった

無料ブログサービスを利用して趣味系サイトを立ち上げ、アフィリエイトや PPC（ペイパークリック）広告に幅広くトライしてきたという染谷さん。
「お小遣い稼ぎ程度に何となく広告を貼っていた期間が長かったのですが、「Xperia 非公式マニュアル」を作ってから世界が変わりました」と語っています。

「Xperia 非公式マニュアル」は、画像付きの詳しい操作方法や役立つ Android アプリケーションの紹介、スマートフォンの関連ニュースなどを、染谷さんがユーザー視点で書き下ろしているサイトです。2010 年 4 月 Xperia の発売日に合わせて公開したところ、わずか 2 ～ 3 日で 1 日あたり 2,000 ～ 3,000 ものアクセスが集まり出しました。このままやっていてはもったいないと、サーバーを用意して MovableType でサイトを見やすく構築し直しました。その直後 Twitter やソーシャルブックマークサービスで紹介されたことでアクセスが集中し、サーバーがダウンしたこともあったそうです。

「新しいデバイスやサービスが登場した時は大きなチャンスであり、誰が最初に作るかという違いだけだと思います。 しかし私がサイトを開設した時はまだ "スマートフォン" といえば iPhone のことで、アフィリエイトサービスをあちこち探しても Xperia 関連の商品がありませんでした。 だから、まずは AdSense を掲載しておかないとサーバー代も出ないという状況でした。AdSense は何もしなくても自動的にページのコンテンツに関連した広告が表示されるため順調なアクセス増がそのまま収入に結びついていきまし

ドラーニングを選んだ理由は単純で、「英会話を学びたい」と思っていたときに、アフィリエイトの勉強会で「スピードラーニングの担当者に会ったから」です。私にとって、ご縁って本当に重要なんです。

スピードラーニングを体験し、感想や成果、英語学習のコラム記事を約1年かけてブログに投稿していきました。決して安い商品ではありませんが、最高で月に30本ぐらい販売できるブログに成長しました。

3 ブログから生まれた、ブロガー以外の仕事

「**Xperia**非公式マニュアル」でアクセスの集め方、「スピードラーニング体験記」で商品を売るための文章力を身につけた私は、さまざまな勉強会で登壇する機会が増えていきました。アフィリエイト業界やスマートフォン業界、**WordPress**業界など、IT系の団体と関わることが多くなりましたが、「ブログ飯」の担当編集者と出会ったのはスマートフォン業界の日本**Android**の会、そして「成功するネットショップ集客と運営の教科書」の担当編集者と出会ったのは**WordPress**のイベントです。「**自分の得意分野で実績を残し、その知識を共有する場で次のステージのキーパーソンと知りあっている**」のです。私のほかの書籍も、寄稿した記事から問いあわせを受けたり、発刊した書籍の売上がよくて次回作の打診をいただいたりと、一つひとつの成果物を大切にしあげた結果として生まれたプロジェクトです。

書籍の執筆、増刷という実績を重ねることが私の提唱する理論の裏づけとなり、世間的な信用度が増していきます。その理論を学びたい、取り入れたいという企業や団体からコンサルティングの依頼を受ける→さらに結果を残して別の企業や自治体を紹介いただく、これを繰り返しているわけです。

チャンスをつかめ！

話はこの項の最初に戻りますが、スタートはただブログを書いていただけです。「**それぞれのステージでコツコツと実績を重ねて、成功事例の共通項を見つけ出し、理論を体系立て、わかりやすく情報を発信し続ける**」。こうすることで、チャンスをつかむことができたのです。これは私にかぎった話ではなく、2時限目で紹介したブログ運営者たちにも同じような事例が生まれています。

現在のステージで全力を尽くせるか、目の前のチャンスに気づけるか、勇気を持ってチャレンジできるかどうかで、1年後、5年後、10年後のポジションは大きく変わってきます。志を高く掲げて、自信を持ってブログを運営していきましょう。

02 発信力は人生における武器

ブログを書き続けている人からすると気づかないことかもしれませんが、「発信できる」「文章が書ける」「人前で自分の考えを述べられる」「ＳＮＳを使いこなせる」というのは立派なスキルです。世間の大多数は、平然とした顔でそんなことはできません。

私は仕事柄、経営者や生産者とお話しする機会が多いのですが、ブログの話をするだけで非常に重宝されます。彼ら彼女らは、いい製品・サービスはつくれても、それを効果的に発信する方法を知らないのです。自分のメソッドやコンテンツを確立している業界トップの講師やセラピストもそうです。自分たちの能力を、的確に客層に届けられないのです。

1 物を売るためには発信力が必要

２０１５年9月14日に、復興庁主催で「世界にも通用する究極のお土産フォーラム」と銘打ったシンポジウムと、商品の品評会がありました。日本（特に東北地方）が誇る新たな価値を発掘するために、現地の生産者と百貨店や小売店のバイヤーが中心となり、各地域の名産品をＰＲして販路を拡大しようという会合でした。そんな中、シンポジウム内のパネルディスカッションで共感したフレーズがいくつかあったので、紹介します。

どんなにいいものをつくってもプロモーションしなければ伝わらない

本当にこれは重要なポイントです。悪いものをつくろうと思って活動している生産者なんてどこにもいません。今や、製品やサービスがいいのはあたりまえの時代になっています。どんなお店に行っても、粗悪品や質の悪いサービスを提供しているところなんてありません。「あたりまえ」のレベルが上がっている世の中で、自分に最適な製品やサービスを求めている顧客層に情報を届け、興味を持ってもらい、購入する理由を提案していく必要があります。言い換えると、「〝伝える〟という行動が非常に重要」になってくるわけです。

アイデアを振り絞るか、汗を大量にかくかしかない

情報発信には有料（広告）か無料（記事）かの２種類しかありません。瞬発的な結果がほしければ、お金をかけて広告を打てばいいんです。しかし、潤沢な資金がある企業や自治体は決して多くありません。だからこそ、頭を使うか体を使うかして、記事にしてもらう施策を練らなければいけないわけです。ただボーッと待っているだけで

は、きっかけは生まれません。メディアに取りあげられる地域や会社は、それだけの努力と工夫をしているのです。

お土産は値段じゃなくてストーリー

地域の特性や生産者の想いを、過不足なく表現することは本当に重要です。家族や親しい友人（あるいは自分）へのお土産って、もちろん値段も考慮に入れますが、話のネタになるようなものを好んで買う場合が多いですよね。プレゼント先が大切な人であればあるほど、その意識は強くなると思います。なぜこのお土産を選んだのかという理由が明確だと、手に取ってもらいやすくなるわけです。

自分たちにできること、それが多言語で発信することだった

「佐渡島に小さな酒蔵があるが、規模が小さいから商社は相手にしてくれない。だから自分たちでホームページを外国語に翻訳した。そうしたら海外から問いあわせをもらった。自分たちが一歩動いたからこそ、世の中から反応があった」

最近の技術を使っているわけでもなければ、昨今のトレンドに沿ったホームページというわけ

でもありません。でも自分たちのできることを考えた結果、**「世界に日本酒を広めるために多言語化を図った」**わけです。国や都道府県、市町村などの行政機関にできることはかぎられています。最終的には自分たちがやるかやらないかで、成果というのは大きく変わってくるのです。

食べなくても買いたくなるストーリーを発信する

「漁師や農家など、生産者からしてみると〝食べてもらえばよさはわかる〟。でも、バイヤーからしてみれば〝食べなくても買いたくなるストーリーがほしい〟。いい製品なのはわかる。でも手に取ってもらうには理由が必要」

つくり手側からしてみると、1度手に取って口にしてもらえさえすればよさはわかってもらえるという自信があります。私も書籍をつくっているので、その気持ちはすごくわかります。でも、それって自分のエゴなんですね。何度もいいますが、みんながいい物をつくろうとしている、つくっているのなんて、今の世の中あたりまえなんです。今回エントリーされた496商品の第一次

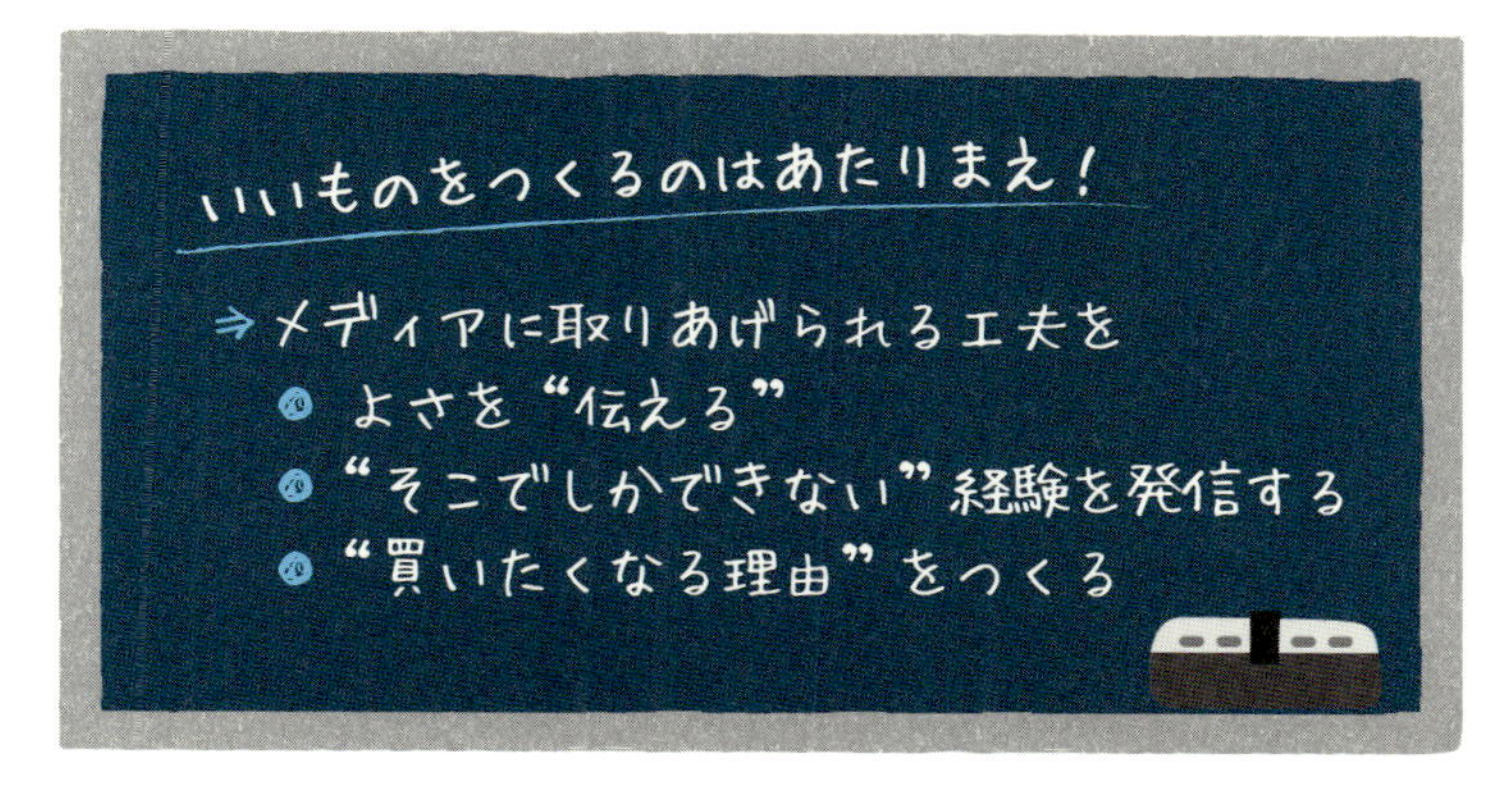

選考は書類選考だったそうです。「食べもせずに何がわかる」と言いたくなる気持ちも理解できます。でも選考側からしてみると、**「写真を見て、エントリーの文章を読んだだけで食べたくなる〝理由〟が大切」**だったんです。

これだけ商品があふれている世の中です。厳しいようですが、「食べてもらえれば」なんて言葉は言い訳にしかなりません。

「そこでしかできない」経験を発信する

「ハーゲンダッツで使われている日本の生乳は北海道の浜中町で生産されている。日本のハーゲンダッツアイスは、世界中のハーゲンダッツの中でも1番品質がいいという。その生乳でつくったソフトクリームを浜中町で食べることができるが本当に旨い。浜中町までソフトクリームを食べに行く意味がある」

実は、私はアイスクリームが苦手なのでハーゲンダッツもあまり食べたことがないのですが、この情報にはびっくりしました。知っている人にとってはあたりまえなのでしょうが、日本の製品の品質は世界でも十分通用するんです。そして何よりもすごい情

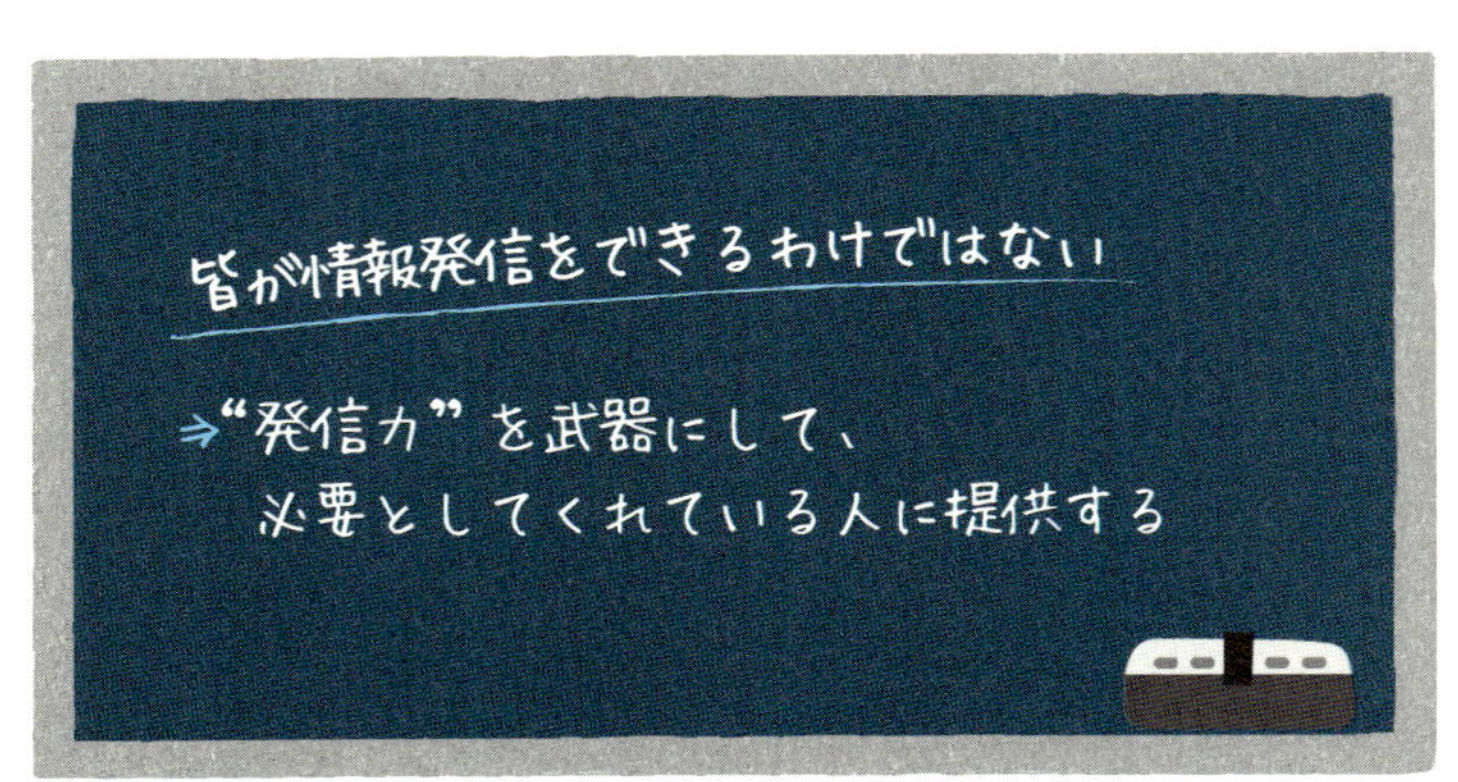

報が、その生乳でつくったソフトクリームは浜中町でしか食べられないということです。この「**現地でしか食べられないというのは、ものすごい魅力**」だと思います。アイスクリームは苦手ですがソフトクリームは大好きなので、家族旅行の行き先のひとつに完全にノミネートされました。これが、きっかけづくりの大切さです。発信してくれたからこそ、私のもとに情報が届いたのです。

2 ブログを活用したビジネス展開、そして芸能活動（？）へ

短パン社長こと奥ノ谷圭祐氏は、自分のブログ（短パン社長 奥ノ谷圭祐のブログ）での情報発信を効果的にビジネスにつなげています。

奥ノ谷社長は株式会社ピーアイというアパレル企業の経営者ですから、当然のごとくファッションが大好きで詳しいです。ですから、自分のブログでお

● 短パン社長 奥ノ谷圭祐のブログ（http://tanpan.jp/blog/）

しゃれなコーディネート方法やファッションの楽しみ方を紹介しています。それだけでなく、お客様や商品への想い、自分の好きな映画やゴルフ、常連であるスターバックス青山外苑西通り店のスタッフとのやりとりなどを事例に挙げて、発信の重要さについて毎日ブログで語っています。熱い想いを書き続けることにより、奥ノ谷圭祐という人間のファンをつくり出しているのです。さらに**Facebook**や**Twitter**などのＳＮＳも積極的に活用し、読者とのコミュニケーションを図っています。読み手との関係性が深まれば深まるほど、ピーアイの商品展示会の参加者や、奥ノ谷社長が開催する集客の勉強会の参加者を増やすことにつながるのです。

そして、奥ノ谷社長のブログパワーはビジネスだけの活用では収まりません。そのキャラクターと影響力に注目したテレビ局が、ある番組のゲストに彼を迎えたのです。ビジネス社会でファンが

● ブログを発信することで自分の夢を実現するスパイラル

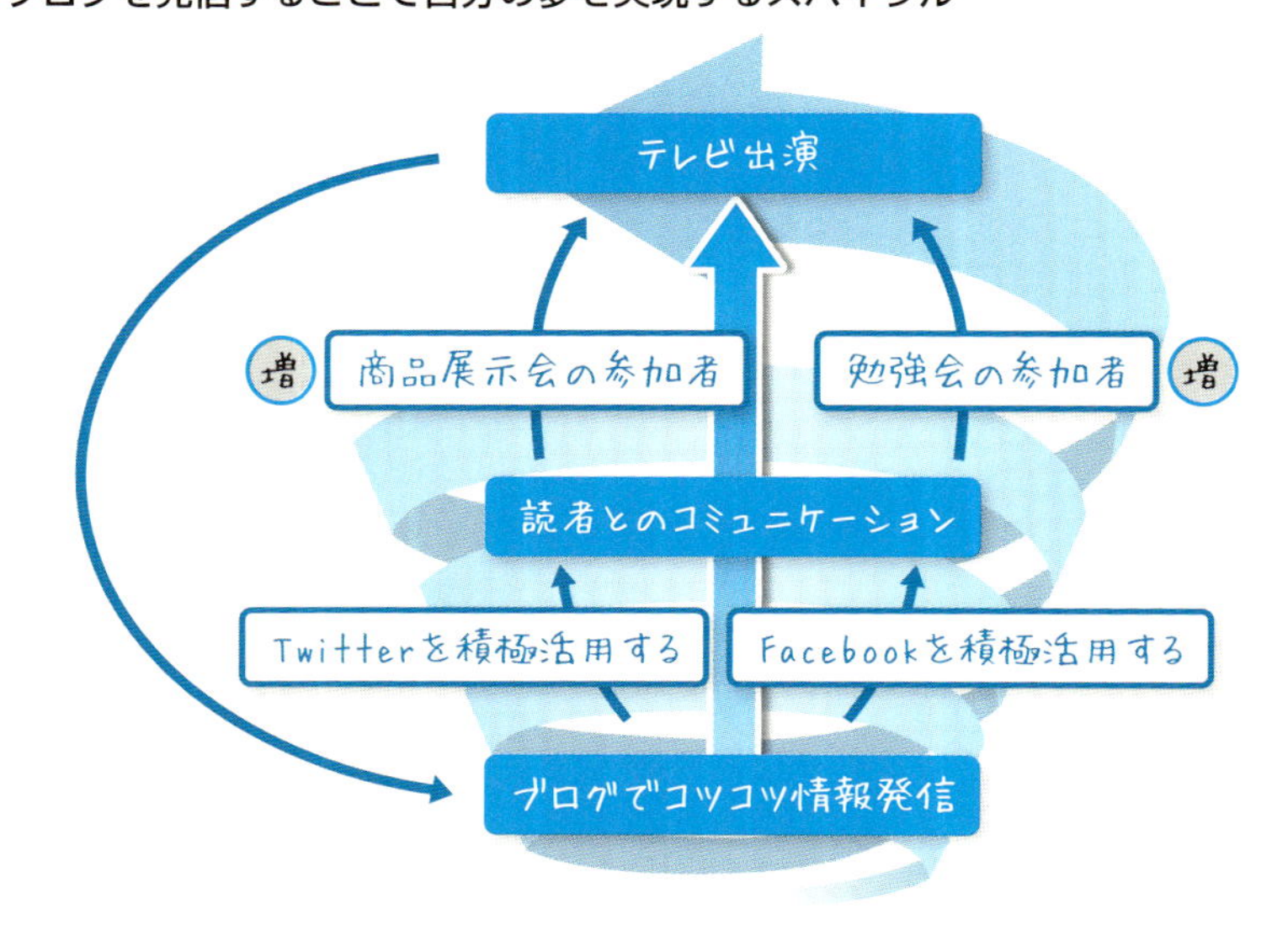

多い奥ノ谷社長が出演したテレビ番組は、ＳＮＳで大きな反響を呼びました。結果としてほかの番組からも声がかかるようになり、今では出演依頼を断っている状況になっています。以前から「自分は芸能人よりも芸能人だ」と本気で言っていましたが、「**独自性の高い情報を発信し続けることで、自分の夢が実現してしまう時代になった**」のです。

3 発信力を持つことの強さ

どうでしょう。情報発信をすることがどれだけ重要か、少しでも感じてもらえたでしょうか。

今の世の中、情報発信のスキルを持っている経営者・生産者ばかりではありません。そこであなたの発信能力が活きてくるわけです。「**好きなことを書いているだけのブログ運営から、あなたの発信能力を必要としてくれる人に提供し、喜んでもらう**」。発信力というあなたの武器を活かして、次のステージに歩みを進めてみてはいかがでしょうか。

発信には人生を変える力があります。あなたのメッセージを力強く発信すれば、共感してくれる人が必ず出てきます。

03 バズらせる技術

1 意識してバズらせることができるか？

じわじわと草の根的に情報を広めていくことが、ブログを利用した発信の基本ではありますが、状況によっては情報の拡散量を極大化させなければいけないタイミングがあります。インターネット用語でいうと、「**バズらせる**」ということです。偶然のバズであれば、ある程度の期間ブログを運営していれば誰でも経験できます。でも意図してバズらせることができたら、これはもう技術に昇華されるわけです。

もちろん、ねらったことがすべてうまくいくとはかぎりません。でも「バズったらいいな」と祈りだけで無策で記事を公開するのと、「このテクニックを仕掛けたのでバズる可能性がある」と仮説を立てて、実験し、結果を検証していくのとでは、結果として同じアクセス数を生み出したバズでも、内容的には全然違います。

私はよく、**「知っているけどやらないという〝選択〟と、知らないからできないという〝勉強不足〟は、見た目の現象は一緒でも中身はぜんぜん違う」**という言葉を使います。結果的にバズったというのはあくまでも結果論で、技術として身についているわけではありません。もちろん、ねらっていてもスベることなんて日常茶飯事です。私がどれだけ、バズらせようとしてスベってきたか。でも、その経験自体に意味があるわけです。

2 そもそもバズって何？

バズとは**「SNSなどで話題になり、その情報が広く拡散されていく現象」**を指します。ここでいうSNSとは**「Facebook」**や**「Twitter」**、厳密にいうとSNSではありませんが、ソーシャルブックマークサービスである「はてなブックマーク」を指します。

私はバズには2種類あると思っていて、それは単純に「いいバズ」「悪いバズ」と分類しています。**「いいバズとは公開した情報が起点となってポジティブなシェアが連鎖的に発生したり、問題提起となって前向きな議論を生み出したりする現象」**で、**「悪いバ**

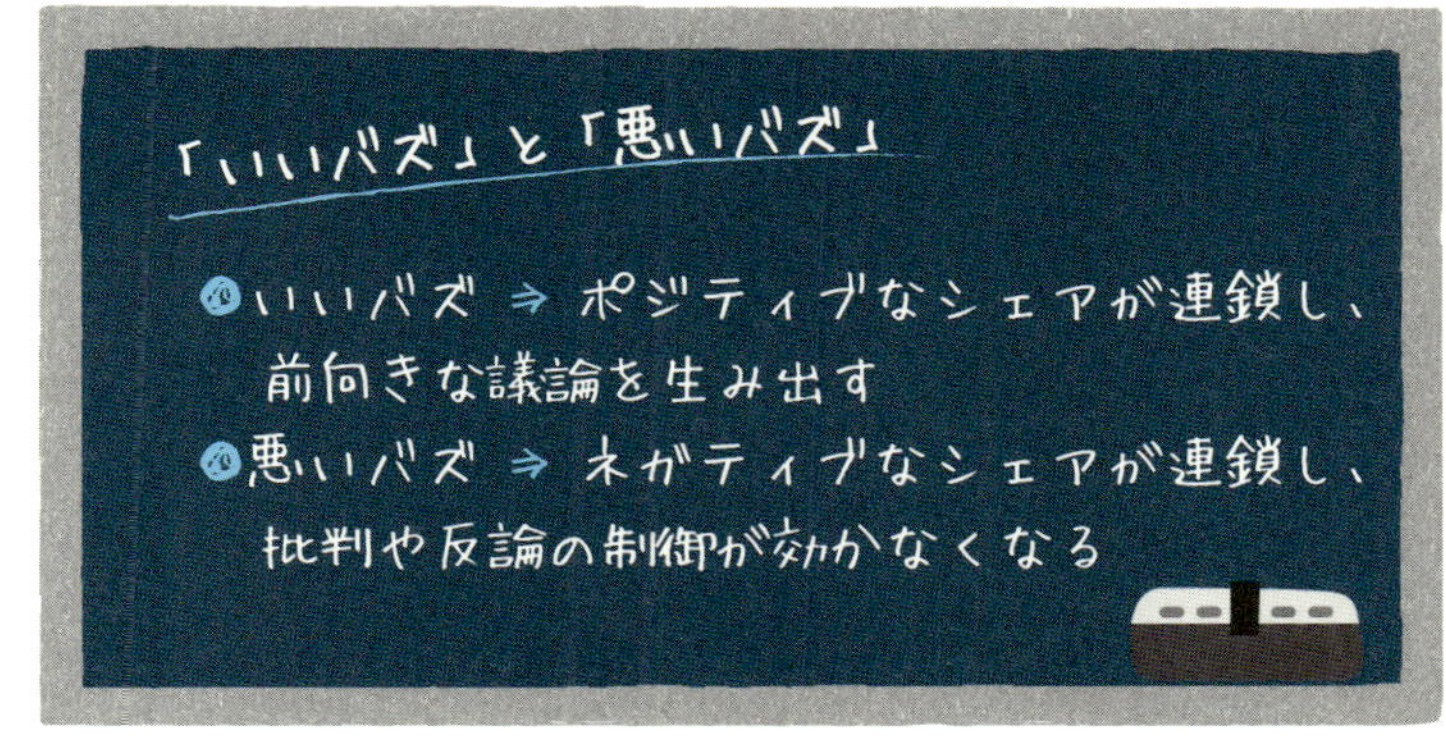

ズとは公開した情報が起点となってネガティブなシェアが連鎖的に発生し、批判や反論の制御が効かなくなる現象」と私の中で定義しています。悪いバズは、「**炎上**」とも呼ばれます。

炎上の原理

炎上は、次の3つのポイントを押さえておけば比較的簡単に引き起こすことができます。

❶大多数へ向けての問題提起を行うこと
❷主張は強く（過激に）、論証は乏しいこと
❸自らが体現できていないこと

❶大多数へ向けての問題提起を行うこと

ひとつ目は、たとえば会社員が大多数のこの日本で「サラリーマンは将来真っ暗だから早く辞めて自分で仕事つくれ」って声高に叫ぶことですね。現在の日本は会社員が大多数です。そのような環境の中で、自分の仕事（立場）を真っ向から否定されたらム

カッとしますよね。でも、まだそれだけならいいんです、単なる一個人の主張ですから。火種に油を注ぐためには、残りの2つの要素も加えなければいけません。

❷主張は強く（過激に）、論証は乏しいこと

2つ目のポイントは、**「主張と論証のバランスが取れていない」**という点です。主張が強ければ強いほど、それを補完するだけの論証を提示しなければいけません。たとえば、過去3年分のデータを収集して、給与の変遷をグラフ化してみる。脱サラしてうまくいっている人、うまくいっていない人のインタビューを載せてみる。この証拠の根拠が弱ければ弱いほど、読み手側は**「それ、お前だけだよね」**という意識になり、火種が大きくなるわけです。

❸体現できていないこと

3つ目のポイントですが、簡単にいうと**「お前が言うな」**という感情です。会社員として実績を残している人、成果を残している人が言うと不思議なことに第三者は納得するんです。ただ会社勤めもしたことない人、あるいは短期間で退職している人が言うと反感を買います。だから若い人が会社員をバカにすると、大きく燃え上がる傾向にあります。

「炎上させたいのであれば、大多数の反感を生むような過激な発言を、裏づけなしで声高に主張して、影響力の強い人の目に留まるように拡散すればいい」わけです。

悪いほうのバズを起こすことのメリットって何？

よくぞ僕たちの言いたいことを代弁してくれた！　という濃いファン層を得ることは可能かもしれません。でもアンチ層も必ず発生します。

意識してバズを使い分けることでファンの構築、あるいは商品やサービスを効果的にＰＲすることができるので、自分のブログの運営方針に照らしあわせて表現方法を検証しましょう。

3 バズを起こして何がしたいのか

何をするにしても、目的がしっかりしていなければ意味がありません。ただＰＶ集めをねらいたいのであれば、炎上でもかまいません。でも、本書を読み進めてくれているあなたは、「ブロガーとしての信頼度を向上させたい」とか「個人のブランドを構築したい」「自分（クライアント）の商品やサービスを販売したい」などの目的があるはずですね。そうなると、**「読み手に悪印象を与える炎上は好ましくない状態」**なのです。

自分自身や製品に対してポジティブな印象を持たせたいのであれば、いいバズを「ねらって」巻き起こす必要があります。そのためには中身の濃い、信頼度の高い記事を発信しなければなりません。

パワフルなコンテンツをつくり出す

中身の濃い、パワフルな記事をつくり出すためにも3つのポイントがあります。

> **❶ 記事のコンセプトを明確にすること**
> **❷ すべてを凝縮したタイトルをつくること**
> **❸ 推敲（すいこう）を徹底的に行うこと**

要は**「骨太のコンテンツをつくって、効果的に拡散する準備をしましょう」**ということです。コンセプトがしっかりしていなければ、芯の通った文章を書くことはできません。せっかく書いた記事も興味を引くタイトルでなければ、SNSのタイムラインに流れていてもクリックされません。独りよがりな内容では、読み

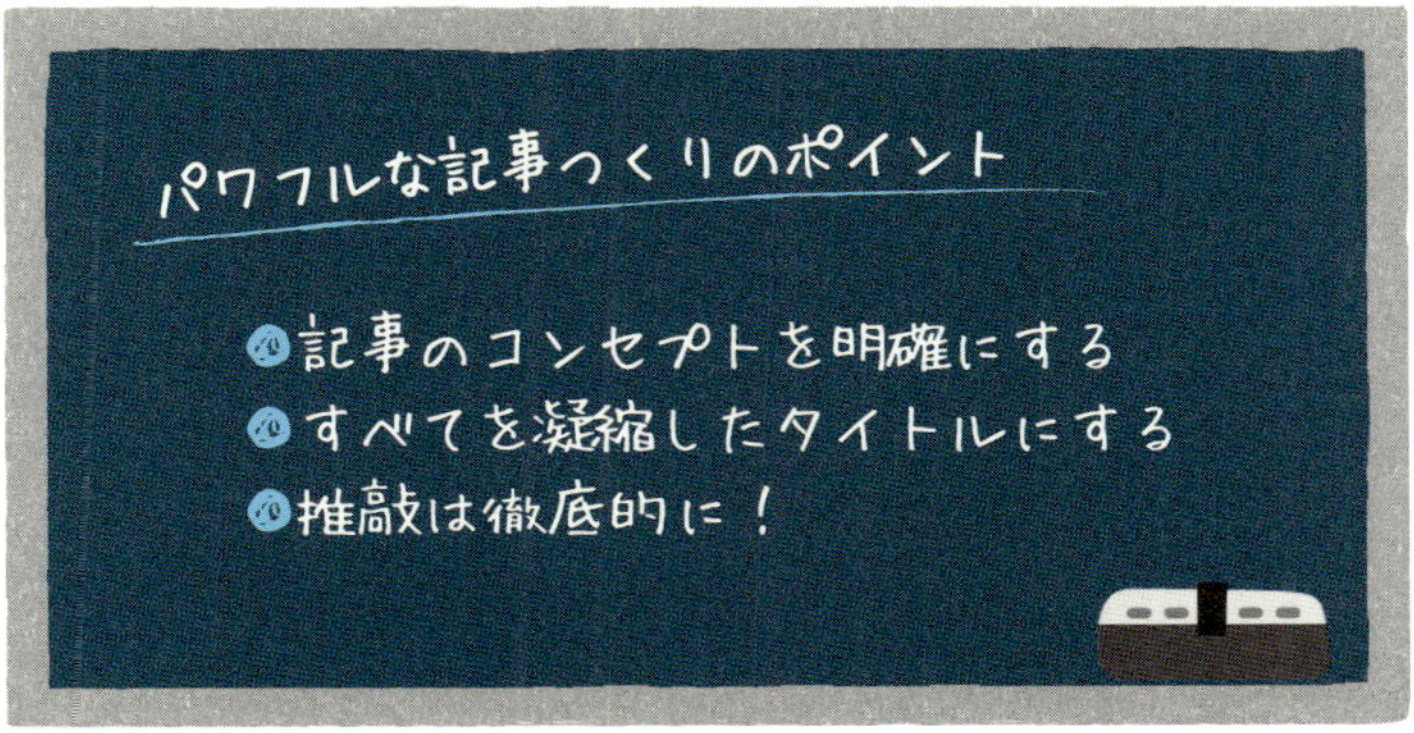

手のメリットが小さければ、読者はわざわざシェアしません。

そして、記事が書きあがったらその達成感に満足してしまい、そのまま公開しているような記事もよく見かけます。書いてすぐ公開してはダメです。何回も見直しましょう。

「私が本当に力を注いだ記事は、文章を書きあげた当日に3回、翌日の朝と記事の公開直前に1回ずつ、そして記事公開後に2回の、計7回の修正をします」。時間にしたら2~3時間ぐらいです。誤字のチェックをするのはもちろん、もっとインパクトのある言葉にできないか、もっと簡潔に説明できないか、もっとわかりやすい表現はないかを検証し、必要ない個所は削ぎ落として、足りない個所は加筆します。**「何回も手を加えることで、研ぎ澄まされた記事になる」**のです。このことはブログにかぎらず、商品を売るためのランディングページやダイレクトメール、パンフレットなども同様です。本書も5回、推敲・校正をしています。

SNSで影響力を持つ

強力なコンテンツができたら、SNSで共有することで情報の拡散スピードを早めることができます。そのスピードは、自分の

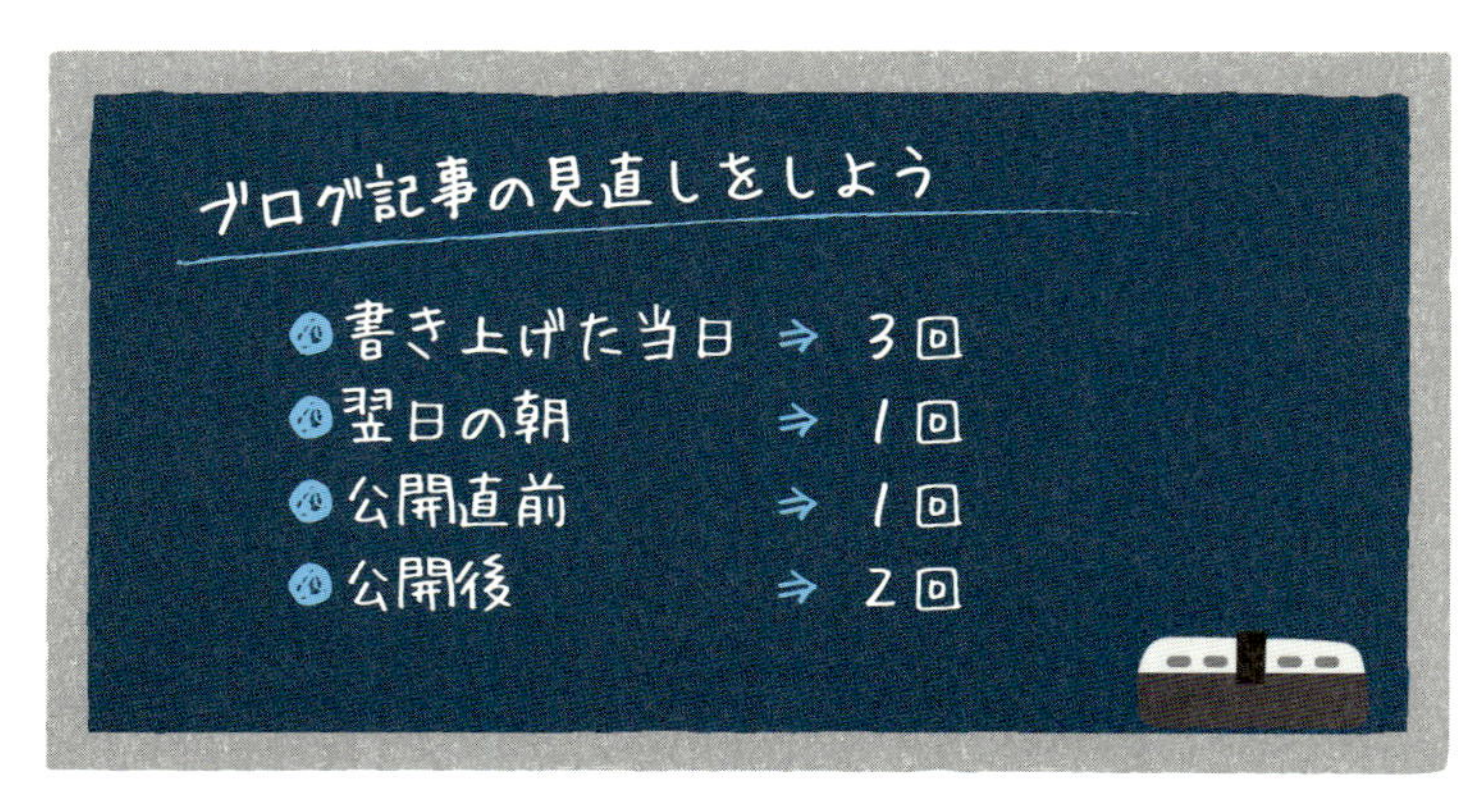

SNSアカウントの影響力の強さに応じて変動します。要は「**影響力のある人になる、影響力のあるアカウントを育てることによって、バズの可能性を高めることができる**」わけです。

コンテンツのパワーとSNSの影響力は、バズらせるための両輪となります。どちらか一方が強いだけでもそれなりの結果にはなると思いますが、両方が強くなることで指数関数的に拡散力は増大します。意図してバズをねらうのであれば、SNSのパワーも強めていく必要があるわけです。ブログと同様に、SNSでの影響力を強めるためにも継続が重要です。読み手が価値を感じてくれる情報を発信することで、フォロワーが増えていきます。

とはいえ、「**最初からSNSで影響力を持っている人なんていないので、まずは影響力の強い人と仲よくなる**」というやり方もあります。打算的に感じるかもしれませんが、人と仲よくなるということも立派な行動です。一歩一歩、少しずつ影響力を高めていきましょう。

せっかく力を入れて書いた文章ですから、できるだけ多くの人に読んでもらえるように施策を考えましょう。

04 ブロガーから専門家・評論家へ

1 ブログだけで生きていくことの危険性

ブログだけで生活し続けることは大変です。ブログ単体で収益を生み出さなければいけないのはもちろんのこと、その収益が維持できるという保証なんてどこにもありません。Google AdSenseにしてもアフィリエイトにしても、サービス提供側がルールを変えてしまったら、利用している私たちにも大きな影響が発生します。

具体的事例を挙げると、２０１４年８月にAmazonアソシエイトが報酬率を大きく変更しています。古い報酬体系では販売商品数に応じて最大８％の報酬を支払っていましたが、同年９月からは商品カテゴリそれぞれに固定の報酬率が設定されるようになりました。代表的なカテゴリでは、家電やパソコン、カメラ、ゲーム、ＣＤ・ＤＶＤなどの商品が２％固定、書籍やおもちゃなどの商品が３％固定の報酬率に変わりました。これらの商品を中心に取り扱っていたブロガーは、収益が大きく下がりました。逆に、**Kindle**などの電子書籍や楽曲のダウンロード販売などは８％固定の報酬率となっていますが、これも**Amazon**が主導権を握っているわけです。

Amazonにかぎらず、ほかのアフィリエイトプログラムやクリック課金型広告も、サービス提供側の運営方針が変更されてしまうと、利用者側は多大な影響を受けます。直接的な収益源だけでなく、検索エンジンのしくみが変わる、ＳＮＳ利用規約が変わるなど、さまざまな変動要因が考えられます。ブログが大好きでブログで生きていきたいという気持ちを否定するつもりはありませんが、ひとつのインフラに固執するのはリスクであることを認識しておいてください。

2 生活し続けていくための作戦

そのリスクを分散するために私が選択したのが、ブログで集客するための知識や経験を体系化し、そのノウハウを別のメディアで利用したり、パッケージ化して教育やコンサルティングの材料として活用したりする方法です。

別のメディアで利用するというのは、「**自分の得意分野を取り扱う外部媒体に、ライターとして参加する**」という形です。原稿料をもらえるインターネットメディアもあるので、ライターを募集しているメディアがないか探してみましょう。１５００字で

5000円の原稿料だとしたら、それを10本書くだけでも5万円の収益となります。「**万が一、ブログからの収益が下降したとしても、複数の収益源を確保しておくことが保険となる**」わけです。

長期間ブログを運営していると、得意分野が明確化されてきます。外部媒体での仕事も、得意分野での記事が多くなってくることでしょう。そう実感してきたら、その分野の専門家として外の世界に飛び出してみるのもいい経験になります。その際、「**勝手に〝〇〇の専門家です〟と自称しても問題はありませんが、バックボーンというか説得力がまったくない**」ですね。とはいえ、ブロガーに適合するような資格があるわけでもないので、なかなか専門家という根拠が示しづらいんです。

第三者機関からの肩書きを得る

そこで私が目をつけたのが、**All About**というメディアで第三者機関からの肩書きを得ることでした。**All About**は、自薦で専門家になれる門戸が開かれています。私の場合、**All About**ガイド申し込み時はこれといった肩書はありませんでした。そこで当時、募集枠のあったアフィリエイトガイドに申し込んでみたのです。選考内容は割愛しますが、各種選考を経て、**All About**のアフィリエイトガイドに就任しました。

- **All Aboutガイド募集テーマ（https://sec.allabout.co.jp/guideapply/selecttheme/list/）**

All Aboutガイドは常に公式ガイドを募集しており、この原稿を書いている2016年7月現在も、数多くのテーマで募集がされています。ブログ運営に親和性の高いテーマだと「インターネットサービス」や「**iPhone**」があります。恋愛経験が豊富な人は「恋愛」をテーマに選んでもいいでしょう。「化粧品・コスメ」「メイク・メイクアップ」なんてテーマもあります。旅行好き、各地域の観光情報に詳しい人なら国内旅行のカテゴリも選択の候補に入ります。自分の得意分野を活かして、**All About**という第三者機関から、その道のプロという肩書きを得られる可能性があるわけです。

All Aboutのガイドになると、**All About**のサイト上で記事を書けるだけでなく、**All About**経由で仕事が来ることがあります。雑誌の取材もあれば、講演依頼もあります。この積み重ねで、個人のブランドを構築していくわけです。フリーの立場でがんばるのも悪くないですが、「**使えるリソースは活用したほうが、目に見える結果が早く出る**」ようになります。肩書きがあることで、安心して依頼してくれるクライアントも少なくありません。もし今後の

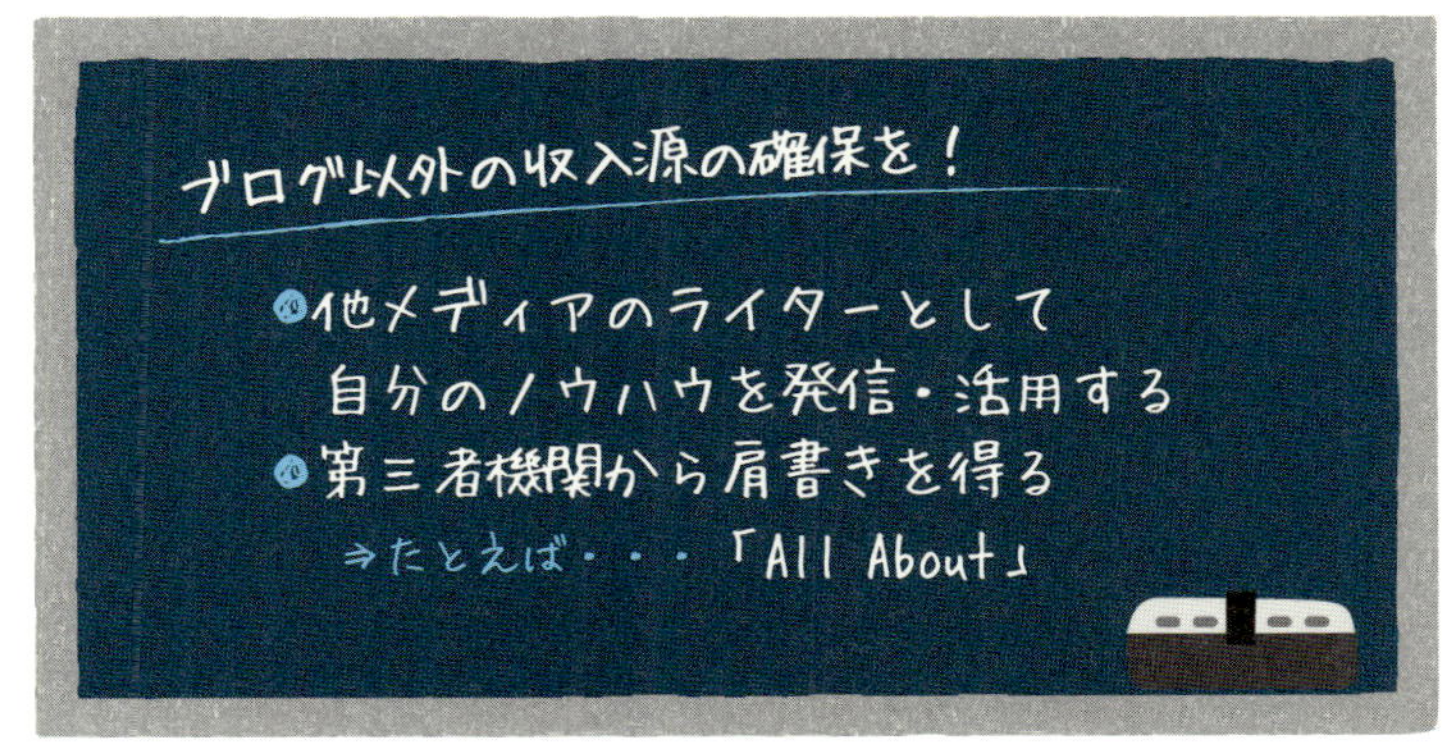

方向性に悩んでいるブロガー・発信者は、**All About**というブランドを上手に活用してみてはいかがでしょうか？

「翻訳者」としての務め

専門性を高めていくと、発信する文章が次第に難しくなってしまう傾向があります。自分の持っている知識を表現するために、専門用語を使う機会が増えるからです。しかしながら、知識量、理解レベル、経験値は参加者層、読者層によって違います。初心者層に向けて、専門用語をゴリゴリに使って頭がよさそうな雰囲気をかもし出しても、全然伝わりません。そんなことをしたら、参加者・読者にとって私は単なる時間泥棒なわけです。場合によっては、参加費を返してほしいと思う人もいるかもしれません。それはお互いに残念な結果です。

私は書籍でも講演でも、想定される読み手・参加者の理解レベルをイメージしながら、文章や話す内容を変化させています。「**日常生活で使うような言葉や事例を選ぶことで、具体的に行動に移してもらえるよう心がけている**」わけです。参加者層をイメージして使う言葉を選ぶと、メッセージの届く量を増やすことができ

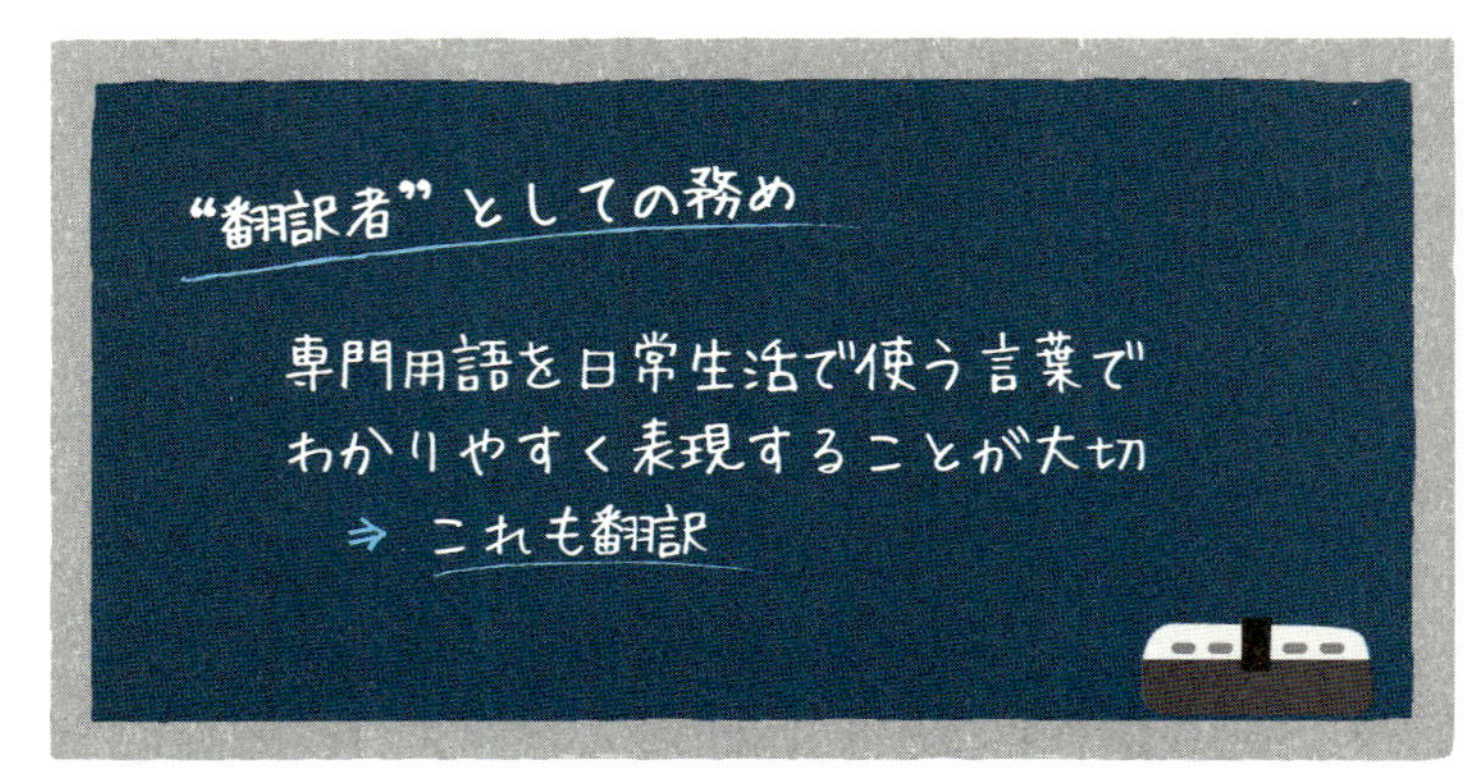

ます。そもそも100話した内容を、聞き手が100理解できるわけがありません。人によっては80だったり50だったり、または10しか届かない場合もあるのです。

その届くメッセージ量は、言葉の使い分けで変動します。言葉の量、つまり語彙（ごい）を増やすには、自分の使いこなせる表現を進歩させなければいけません。私は「**小学生でもわかる言葉で**」というポイントを常々意識しています。自己満足な文章になっていないか見直して、読み手は何も知らないということを念頭に気配りするなど、公開する前に何度もチェックしてみましょう。

私はこの作業を「翻訳」と定義しています。英語を日本語に、日本語を中国語に変換するだけが翻訳じゃないんです。「**専門用語を一般的な言葉に直すことも、立派な〝翻訳〟**」だと思います。友人や知人に読んでもらい、フィードバックをもらうことで、自分の文章の特徴に気づけます。ぜひ第三者の声に耳を傾けてください。

自分の常識と読み手の常識は違っていて当然です。共通に理解できる言葉を選ぶことで理解できる量は大きく変動します。

05 ブログ運営が出版につながる

1 紙の本を出版するという信用力

会社員であろうと自営業であろうと、一生のうちに1度は本を出してみたいと思っている人は少なくありません。幸いにも私は9冊（共著含む）の本を出版させていただいており、本書が10冊目となります。出版というと印税生活を思い浮かべる人もいるかもしれませんが、印税だけで生活できる作家はひと握りです（ブログで生活できる人もひと握りですが）。

いきなり現実的なお金の話でテンションを下げてしまって恐縮ですが、もちろん出版には大きなメリットもあります。「**1番のメリットは、本を出版すると周りの見る目が変わる**」ということです。「ブログ飯」の出版前は、フリーランスという肩書きのいわゆる無職だったのですが、出版したあとから「**先生扱い**」になりました。「**紙の本を出版するということは、世間的にはそれだけのインパクトと信用を与える**」のです。企業の社長や飲食店のオーナーが本を書くのも、この世間からの信用を得たいからでしょう。

Kindleなどの電子書籍でもいいのですが、自分の分身が紀伊國屋書店やジュンク堂書店などに陳列されると感慨深いものがあります。あと、やはり親孝行になります。

2 出版までの大きな流れ

❶ どんな分野でもいいから実績をつくる

私の場合は、ブログからの集客と収益化というノウハウを持っていました。収益化方法も**Google AdSense**やアフィリエイトなど、複数のパターンを使っています。**Google AdSense**成功事例に掲載されているという実績もありました。分野は問いませんが（購読者層が多ければ多いほど好ましいですが）、「**できるだけ複数の得意分野を組みあわせて、自分自身の独自性を高めておく**」必要があります。

❷ 実績を体系化する

「**積みあげた経験をベースに、理論や方法、法則などを系統立てて、第三者が読んでも再現できるような形**」にしておきましょう。私の場合は、ひとつの成功事例を見つけ出したら、その法則を何回か別のブログでテストして、効果が再現できるかどうかチェックしています。

1回だけうまくいったというのは、単なるまぐれです。3～4回、同じような傾向が見られたら法則として考えてみてもいいでしょう。

❸ 出版企画書をつくる

自分のプロフィール、どんなテーマの本をつくりたいのか、読者層はどのような人なのか、内容（目次）などをまとめていきます。出版企画書のテンプレートはインターネットで検索すれば出てくるので、その形式に沿って書いていってもいいでしょう。しかしながら企画書は、本のアイデアが書いてあるだけではダメです。「**その本が売れるのかどうかを出版社にアピールしなければなりません**」。

出版社は売れる本を求めています。内容が濃く読み手の役に立つのはもちろんですが、そのテーマが世間で受け入れられるのかどうかも記載しておきましょう。業界の大きさ、自分のブログや友人のブログでの宣伝協力、講演会などでの手売り。少なくとも初版分は完売できそうな好印象を、出版社の営業担当や役職者クラスに感じてもらう必要があります。「**編集者はいい本をつくりたがりますが、出版社は売れる本がほしい**」のです。

❹ 編集者と知りあう

出版社に企画書を持ち込む、出版エージェントを利用するという形もありますが、やはり「**編集担当者と直接知りあっておくというのは非常に重要**」です。自分の出したいジャンルの編集者でなくても、紹介してもらえる可能性もあります。

編集者に出会う機会なんてないと思われるかもしれませんが、目的を持っていろいろな場所に足を運べば、ツチノコより簡単に見つかります。好きな作家の出版記念講演に足を運べば、その書籍の担当編集者が来ている可能性もあります。出版したい人向けの勉強会だってあります。要は**「自分の意志で、その機会をつかみにいくかどうかだけの差」**なのです。

⑤ 原稿を書く

いくら出版企画が編集会議を通過しても、1冊あたり10～15万字を書きあげなければ書籍にはなりません。多めに書いて原稿を提出し、編集段階で心で涙を流しながら文章を削っていくことで、濃密な本ができあがります。**「ワンテーマで20万字以上書くつもり」**でがんばってください。

⑥ できあがった書籍を売る

書籍は書いて終わりではありません。発売されたら全力で売りましょう。あるいは売っているかのように見えるアクション

を取ってください。自分のブログで紹介するのもいいですし、お世話になった人、影響力の大きい人に献本してもいいでしょう。自分の足を使って書店営業をするのもいいかもしれません。

特にデビュー作は、増刷されるよう最大限の活動をしましょう。毎年、数多くの作家がデビューしていますが、2冊目、3冊目と書いている人は決して多くはありません。出版社も売れない本を出し続けるわけにはいかないのです。逆に「**一定数の販売が見込める作家に、執筆依頼が集中**」します。記念で1冊出版したいだけなら無理して売る必要はありませんが、これからも出版にかかわっていきたいと考えているのなら、がんばって動きましょう。

3 出版から次のステージへ

文章を書いている人からすると、出版はひとつの目標であり、ゴールでもあるでしょう。しかし、出版は新たなステージへのスタートでもあります。出版まで行き着いたあなたは、単なるブロガーではありません。作家のステージ、講演家のステージ、

自信を持ってつくった作品なら、全力で売りましょう。あなたには幸いにもブログという販売チャネルがすでにあります。

コンサルタントのステージ、教育者のステージなど、次なる広大なフィールドが広がっています。

大きなステージで活躍するためには、何よりも「志の高さ」が重要になります。志という言葉がピンとこなければ、目標という単語に置き換えてもいいでしょう。

❶会社を辞める口実としてブログで稼ぎたい
❷ブログが大好きだからブログで生活できるレベルになりたい
❸作家になる夢を叶えるためにブログを活用したい
❹自分の知識や経験で次世代を導きたい
❺自分の発信力を活かして世界をよりよく変化させたい

おそらく❶、❷ぐらいの志では、出版までは届かないと思います。❸でも怪しいところです。目標値をゴール地点にしても、その願いは叶いません。最後の壁が越えられないのです。私が「ブログ飯」を書く前に考えていたことは❹のステージで、教育のために書籍を活用したいという思いでした。「**誰かに何かを教えるためには、自分のステージを高めなければ説得力がないと思っていた**」からです。だから、経由地点である出版は教育のステージに自分が登るための糧で、結果として10冊もの書籍を出すことができました。

自分の夢や目標よりもさらに上のステージに、未来の自分のフックをかける

ちなみに現時点の私の志は、❺です。現時点の実力よりも高い位置にフックを引っかけることで、自分をさらに高めるための課題をクリアできるような思考回路にアップデートさせていく必要があります。発信先は日本語圏内にかぎりません。そのためには外国語のスキルも必要になるでしょう。私は語学が得意ではないので今まで英語は越えられない壁でしたが、情報発信によって世界をよりよくさせたいのであれば英語は必須要素になります。自分の意識が変わることで、**「問題は課題となり、壁は糧になる」**のです。

未来の自分がなりたいステージにフックをかけることを意識して行動すると、夢はものすごいスピードで叶っていきます。この本をここまで読んでくれたあなたに、私が最後に伝えたかったメッセージを載せて筆を置きたいと思います。

おわりに

本書の企画が立ちあがったとき、私はひとつのポイントを意識して書こうと決めていました。それは**読者が自分の頭で考えて、自分にとっての成功パターンを見つけ出してもらう手助けになる書籍にしたい**ということです。ブログ運営の方法や目的は、人それぞれ違います。もちろん、正解もたったひとつではありません。世の中にあふれるたくさんの成功パターンを学ぶことで、その中から「自分にとっての正解」を選択することができるようになります。17人ものブロガーへのインタビューも、数多くの事例を知ってほしいという想いからです。

人間は、自分が認識できる範囲でしか選択できません。**自分が経験している、あるいは他者の経験（歴史）を学んでいるから、自分の望む未来の予測ができる**のです。視野が広がり、選択肢の幅が広がり、進む方向を選ぶことができるようになれば、自分の意志で生きる時間が増えていきます。結果として人生の自由度が上がるわけです。

本文中でもお話ししましたが、**知っているけどやらないということと、知らないからできないということはまったく違います**。知識を持ったうえで「自分の意志できちんと選択している」ということが重要なのです。自分で選んでいる生き方と、誰かの判断に流されたり、そもそも選択肢があることすら気づかない生き方とでは、1年後のポジションは大きく変わってくるでしょう。

そういう点で、**ブログはみなさんの人生を変える可能性を秘めた最高のツールです。**情報を発信することで、自分の望む未来を自分の力でたぐり寄せることができます。現に私がそうでした。みなさんにも当てはまると信じています。

染谷昌利

世界一やさしい　ブログの教科書　1年生

2016年 8 月31日　初版第 1 刷発行
2021年 9 月10日　初版第 8 刷発行

著　者　染谷昌利
発行人　柳澤淳一
編集人　久保田賢二
発行所　株式会社　ソーテック社
〒102-0072 東京都千代田区飯田橋 4-9-5　スギタビル 4F
電話：注文専用　03-3262-5320
FAX：　03-3262-5326
印刷所　図書印刷株式会社

ISBN978-4-8007-2039-9